U0156773

2020 年版

全国一级造价工程师职业资格考试历年真题与模拟试卷

建设工程造价管理

葛新丽 编

中国计划出版社

图书在版编目（ＣＩＰ）数据

建设工程造价管理 / 葛新丽编. -- 北京 : 中国计
划出版社，2020.6
2020年版全国一级造价工程师职业资格考试历年真题
与模拟试卷
ISBN 978-7-5182-1191-3

Ⅰ．①建… Ⅱ．①葛… Ⅲ．①建筑造价管理－资格考
试－习题集 Ⅳ．①TU723.31-44

中国版本图书馆CIP数据核字(2020)第093146号

2020 年版全国一级造价工程师职业资格考试历年真题与模拟试卷

建设工程造价管理

葛新丽 编

中国计划出版社出版发行

网址：www. jhpress. com

地址：北京市西城区木樨地北里甲 11 号国宏大厦 C 座 3 层

邮政编码：100038 电话：（010）63906433（发行部）

三河富华印刷包装有限公司印刷

787mm×1092mm 1/16 12.75 印张 312 千字

2020 年 6 月第 1 版 2020 年 6 月第 1 次印刷

印数 1—8000 册

ISBN 978-7-5182-1191-3

定价：39.00 元

前　　言

　　《2020年版全国一级造价工程师职业资格考试历年真题与模拟试卷》丛书以新版考试教材和大纲为依据，精心筛选和提炼了考试中的关键知识点，按照循序渐进、各个击破的原则，去粗存精。对考查角度、考试重点、题型设计进行了全面的评价和预测，参考历年真题分值的分布情况精心编写。丛书分为五个分册，分别是《建设工程造价管理》《建设工程计价》《建设工程技术与计量（土木建筑工程）》《建设工程技术与计量（安装工程）》《建设工程造价案例分析（土木建筑工程、安装工程）》。

　　本套丛书的主要特点如下：

　　（1）复习导言：这部分内容为考生总结了考试概况、报考条件、复习方略及答题方法，同时总结了历年考试分值分布，以帮助考生掌握命题规律。

　　（2）预测重要考点：这部分内容针对考试中经常涉及的重点、难点内容进行总结。通过知识点归纳，将厚书变为薄书，使考生节约学习时间，高效率地掌握考试的精要，提高学习效率。方便考生抓住重点，寻找命题采分点，提高考生对所学知识的整体把握能力，掌握学习技巧，更好地应对考试。

　　（3）历年真题及详解：这部分内容是本书的一大亮点，经过分析历年考试真题，发现试题的覆盖面很大，考点分布在教材各个章节，考题不仅越来越全面、细致，有的选项更具有迷惑性，尤其是综合型试题在考试中有大幅度增加，这就要求考生要全面掌握知识点，在不同的知识点间建立起内在的逻辑关系。本书对2017—2019年度考试真题进行了详细解析，条理清晰，可以帮助考生了解考试形式，把握考试方向。

　　（4）同步模拟试卷及详解：模拟试题不仅涉及近年来常考的典型题目，还包含涉及一些重要考点的新题。五套模拟试题作为考前冲刺训练试题，可帮助考生更好地理解和掌握知识点，引导考生科学、高效地学习，从而提高考生对知识运用的综合能力，在考试中取得高分。

　　为了配合考生的复习备考，我们配备了专家答疑团队，开通了答疑QQ群1070488486（加群密码：助考服务），以便随时答复考生所提问题。

　　由于时间有限，书中难免有疏漏和不当之处，敬请广大读者批评指正。

编者

2020年3月

目　　录

第一部分　复习导言

一、考试相关说明

（一）报考条件（级别为考全科）

凡遵守中华人民共和国宪法、法律、法规，具有良好的业务素质和道德品行，具备下列条件之一者，可以申请参加一级造价工程师职业资格考试：

（1）具有工程造价专业大学专科（或高等职业教育）学历，从事工程造价业务工作满5年；具有土木建筑、水利、装备制造、交通运输、电子信息、财经商贸大类大学专科（或高等职业教育）学历，从事工程造价业务工作满6年。

（2）具有通过工程教育专业评估（认证）的工程管理、工程造价专业大学本科学历或学位，从事工程造价业务工作满4年；具有工学、管理学、经济学门类大学本科学历或学位，从事工程造价业务工作满5年。

（3）具有工学、管理学、经济学门类硕士学位或者第二学士学位，从事工程造价业务工作满3年。

（4）具有工学、管理学、经济学门类博士学位，从事工程造价业务工作满1年。

（5）具有其他专业相应学历或者学位的人员，从事工程造价业务工作年限相应增加1年。

（二）免试条件

1. 参加2个科目考试条件（级别为免2科）：

具备下列条件之一者，可免试《建设工程造价管理》《建设工程计价》2个基础科目，只参加《建设工程技术与计量》《建设工程造价案例分析》2个专业科目：

（1）已取得公路工程造价人员资格证书（甲级）。

（2）已取得水运工程造价工程师资格证书。

（3）已取得水利工程造价工程师资格证书。

2. 增报专业考试条件（级别为增报专业）：

已获得资格证书，报名参加其他专业科目考试（级别为增报专业）的，只需参加专业科目且在2个考试年度内通过，方可获得相应专业考试合格证明，该证明作为注册时增加执业专业类别的依据。

（三）考试时间、科目、分值

考试时间	考试科目	试卷分值
上午9：00—11：30	建设工程造价管理	100分
下午14：00—16：30	建设工程计价	100分

续表

考试时间	考试科目	试卷分值
上午 9：00—11：30	建设工程技术与计量（土木建筑工程、安装工程、交通运输工程、水利工程）	100 分
下午 14：00—18：00	建设工程造价案例分析（土木建筑工程、安装工程、交通运输工程、水利工程）	120 分

（四）考试成绩管理

一级造价工程师职业资格考试成绩实行 4 年为一个周期的滚动管理办法，在连续的 4 个考试年度内通过全部考试科目，方可取得一级造价工程师职业资格证书。

已取得造价工程师一种专业职业资格证书的人员，报名参加其他专业科目考试的，可免考基础科目。考试合格后，核发人力资源社会保障部门统一印制的相应专业考试合格证明。该证明作为注册时增加执业专业类别的依据。

二、备考复习方略与答题方法

（一）备考复习方略

1. 把握重点。对教材内容掌握重点，分清主次。将掌握知识的过程可以总结为"精读""研读""总览"三个阶段。做到对教材融会贯通，胸有成竹。建议考生在复习时，务必留意知识点之间的层级关系。每门课程都有其必须掌握的知识点，对于这些知识点，一定要深刻把握，举一反三，以不变应万变。在复习中若想提高效率，就必须把握重点，避免平均分配。把握重点能使考生以较小的投入获取较大的考试收益，在考试中立于不败之地。

2. 循序渐进。要想取得好的成绩，比较有效的方法是把书看上三遍。第一遍最仔细地看，每一个要点、难点决不放过，这个过程时间应该比较长；第二遍看得较快，主要是对第一遍划出来的重要知识点进行复习；第三遍看得更快，主要是看第二遍没有看懂或者没有彻底掌握的知识点。为此，建议考生在复习前根据自身的情况，制订一个切合实际的学习计划，以此来安排自己的复习，针对导致错误的原因及解决问题的方法进行复习，才能真正解决考生存在的问题，因此，考生应明确自己的主要缺陷和今后的努力方向，认真总结、吸取教训，提高应试心理素质，从而更有针对性地进行复习。

3. 练习巩固。适当演练一些高质量的练习题，可以提高考生对相关知识点的理解运用水平，进而提高应试能力。通过练习，考生可以逐渐总结出考试内容的某些重点与规律，发现自身学习中的薄弱环节，从而有针对性地进行提高。要仔细研究真题，将真题多做几遍。

（二）答题方法

单项选择题大部分来自考试用书中的基本概念、原理和方法，一般比较简单。如果应试者对试题内容比较熟悉，可以直接从备选项中选出正确项，以节约时间。如果不能直接选出正确选项，可采用逻辑推理法和排除法。单项选择题作答时间应控制在每题 1 分钟以内。

多项选择题的作答有一定难度，应试者考试成绩的高低及能否通过考试科目，在很大程度上取决于多项选择题的得分。应试者在作答多项选择题时，首先选择有把握的正确选项，对没有把握的备选项最好不选，除非有选择正确答案的绝对把握，否则最好不要选择 4 个选项。多项选择题作答时间应控制在每题 2 分钟以内。

主观题一定要挑最有把握的先做。每道题中会做的先做，不会的放一放。会做的要提高答题准确率，仔细做、不要怕花时间。不要急着做不会的，一定要保证已做过题的准确率，重点检查是否有会答而漏答的题。另外，对没有思路、比较生疏的题，可以舍弃不做。

三、2017—2019 年度考试分值分布

2017—2019 年度考试分值分布表

知　识　点		题型	2017 年	2018 年	2019 年
工程造价管理及其基本制度	工程造价基本内容	单项选择题	1	1	1
		多项选择题		2	
	工程造价管理的组织和内容	单项选择题	1	1	
		多项选择题	2		2
	造价工程师管理制度	单项选择题	1		1
		多项选择题		2	
	工程造价咨询管理制度	单项选择题	1	2	2
		多项选择题	2		2
	国内外工程造价管理发展	单项选择题	1	1	1
		多项选择题			
相关法律法规	建筑法及相关条例	单项选择题	2	1	2
		多项选择题	2	4	2
	招标投标法及其实施条例	单项选择题	2	2	1
		多项选择题	2		2
	政府采购法及其实施条例	单项选择题			1
		多项选择题			
	合同法及价格法	单项选择题	2	3	2
		多项选择题	2	2	2

续表

知 识 点		题型	2017 年	2018 年	2019 年
工程项目管理	工程项目管理概述	单项选择题	2	3	3
		多项选择题	2	2	
	工程项目组织	单项选择题	2	1	2
		多项选择题			2
	工程项目计划与控制	单项选择题	3	3	2
		多项选择题			2
	流水施工组织方法	单项选择题	2	2	2
		多项选择题	2	2	2
	工程网络计划技术	单项选择题	3	3	1
		多项选择题	4	4	2
	工程项目合同管理	单项选择题		1	1
		多项选择题	2	2	2
	工程项目信息管理	单项选择题			1
		多项选择题			
工程经济	资金的时间价值及其计算	单项选择题	3	2	2
		多项选择题			2
	投资方案经济效果评价	单项选择题	5	4	5
		多项选择题	4	4	2
	价值工程	单项选择题	3	4	4
		多项选择题	2	2	2
	工程寿命周期成本分析	单项选择题	1	2	1
		多项选择题			
工程项目投融资	工程项目资金来源	单项选择题	6	5	6
		多项选择题	2	2	2
	工程项目融资	单项选择题	4	5	4
		多项选择题	4	2	2
	与工程项目有关的税收及保险规定	单项选择题	3	3	3
		多项选择题		2	2

续表

知　识　点		题型	2017 年	2018 年	2019 年
工程建设 全过程造价 管理	决策阶段造价管理	单项选择题	2	3	2
		多项选择题	2	2	
	设计阶段造价管理	单项选择题	1	3	2
		多项选择题		2	2
	发承包阶段造价管理	单项选择题	5	2	3
		多项选择题	4	2	2
	施工阶段造价管理	单项选择题	4	3	3
		多项选择题	2	2	4
	竣工阶段造价管理	单项选择题			2
		多项选择题			
合　　计		单项选择题	60	60	60
		多项选择题	40	40	40

第二部分　预测重要考点

第一章　工程造价管理及其基本制度

考点一　工程造价的基本内容

工程造价的基本内容见表1-1。

表1-1　工程造价的基本内容

项目		内容
工程造价的含义		从投资者（业主）角度分析，工程造价是指建设一项工程预期开支或实际开支的全部固定资产投资费用。 　从市场交易角度分析，工程造价是指在工程发承包交易活动中所形成的建筑安装工程费用或建设工程总费用。 　工程承发包价格是重要且较为典型的工程造价形式，是在建筑市场通过发承包交易（多数为招标投标），由需求主体（投资者或建设单位）和供给主体（承包商）共同认可的价格
工程造价相关概念	静态投资与动态投资	静态投资包括：建筑安装工程费、设备和工器具购置费、工程建设其他费、基本预备费，以及因工程量误差而引起的工程造价的增减值等。 　动态投资除包括静态投资外，还包括建设期贷款利息、涨价预备费等
	建设项目总投资与固定资产投资	建设项目总投资：建设项目总投资是指为完成工程项目建设，在建设期（预计或实际）投入的全部费用总和。 　生产性建设项目总投资包括固定资产投资和流动资产投资两部分；非生产性建设项目总投资只包括固定资产投资，不包括流动资产投资。 　固定资产投资：预期收益的资金垫付行为

考点二　建设工程全面造价管理及工程造价管理的基本原则

建设工程全面造价管理及工程造价管理的基本原则见表1-2。

表1-2　建设工程全面造价管理及工程造价管理的基本原则

项目	内容
建设工程全面造价管理	建设工程全面造价管理包括全寿命期造价管理、全过程造价管理、全要素造价管理、全方位造价管理
工程造价管理的基本原则	（1）以设计阶段为重点的全过程造价管理。 （2）主动控制与被动控制相结合。 （3）技术与经济相结合

考点三 造价工程师管理制度

造价工程师管理制度见表1-3。

表1-3 造价工程师管理制度

项目	内　　容
注册	国家对造价工程师职业资格实行执业注册管理制度。取得造价工程师职业资格证书且从事工程造价相关工作的人员，经注册方可以造价工程师名义执业。 　　造价工程师执业时应持注册证书和执业印章
一级造价工程师执业范围	（1）项目建议书、可行性研究投资估算与审核，项目评价造价分析。 　　（2）建设工程设计概算、施工（图）预算的编制和审核。 　　（3）建设工程招标投标文件工程量和造价的编制与审核。 　　（4）建设工程合同价款、结算价款、竣工决算价款的编制与管理。 　　（5）建设工程审计、仲裁、诉讼、保险中的造价鉴定，工程造价纠纷调解。 　　（6）建设工程计价依据、造价指标的编制与管理。 　　（7）与工程造价管理有关的其他事项
二级造价工程师执业范围	二级造价工程师主要协助一级造价工程师开展相关工作，可独立开展以下具体工作： 　　1）建设工程工料分析、计划、组织与成本管理，施工图预算、设计概算的编制。 　　2）建设工程量清单、最高投标限价、投标报价的编制。 　　3）建设工程合同价款、结算价款和竣工决算价款的编制。 　　造价工程师应在本人工程造价咨询成果文件上签章，并承担相应责任。工程造价咨询成果文件应由一级造价工程师审核并加盖执业印章

考点四 工程造价咨询管理制度

1. 工程造价咨询企业资质等级标准见表1-4。

表1-4 工程造价咨询企业资质等级标准

项目	内　　容
甲级企业资质标准	（1）已取得乙级工程造价咨询企业资质证书满3年。 　　（2）企业出资人中注册造价工程师人数不低于出资人总人数的60%，且其认缴出资额不低于企业注册资本总额的60%。 　　（3）技术负责人是注册造价工程师，并具有工程或工程经济类高级专业技术职称，且从事工程造价专业工作15年以上。 　　（4）专职从事工程造价专业工作的人员（以下简称专职专业人员）不少于20人。其中，具有工程或者工程经济类中级以上专业技术职称的人员不少于16人，注册造价工程师不少于10人，其他人员均需要具有从事工程造价专业工作的经历。

项目	内　容
甲级企业资质标准	（5）企业与专职专业人员签订劳动合同，且专职专业人员符合国家规定的职业年龄（出资人除外）。 （6）专职专业人员人事档案关系由国家认可的人事代理机构代为管理。 （7）企业注册资本不少于人民币 100 万元。 （8）企业近 3 年工程造价咨询营业收入累计不低于人民币 500 万元。 （9）具有固定的办公场所，人均办公建筑面积不少于 10m²。 （10）技术档案管理制度、质量控制制度、财务管理制度齐全。 （11）企业为本单位专职专业人员办理的社会基本养老保险手续齐全。 （12）在申请核定资质等级之日前 3 年内无违规行为
乙级企业资质标准	（1）企业出资人中注册造价工程师人数不低于出资人总人数的 60%，且其认缴出资额不低于注册资本总额的 60%。 （2）技术负责人是注册造价工程师，并具有工程或工程经济类高级专业技术职称，且从事工程造价专业工作 10 年以上。 （3）专职专业人员不少于 12 人，其中，具有工程或者工程经济类中级以上专业技术职称的人员不少于 8 人，注册造价工程师不少于 6 人，其他人员均需要具有从事工程造价专业工作的经历。 （4）企业与专职专业人员签订劳动合同，且专职专业人员符合国家规定的职业年龄（出资人除外）。 （5）专职专业人员人事档案关系由国家认可的人事代理机构代为管理。 （6）企业注册资本不少于人民币 50 万元。 （7）具有固定的办公场所，人均办公建筑面积不少于 10m²。 （8）技术档案管理制度、质量控制制度、财务管理制度齐全。 （9）企业为本单位专职专业人员办理的社会基本养老保险手续齐全。 （10）暂定期内工程造价咨询营业收入累计不低于人民币 50 万元。 （11）在申请核定资质等级之日前无违规行为

2. 工程造价咨询管理见表 1-5。

表 1-5　工程造价咨询管理

项目	内　容
工程造价咨询业务范围	（1）建设项目建议书及可行性研究投资估算、项目经济评价报告的编制和审核。 （2）建设项目概预算的编制与审核，并配合设计方案比选、优化设计、限额设计等工作进行工程造价分析与控制。 （3）建设项目合同价款的确定（包括招标工程工程量清单和标底、投标报价的编制和审核）；合同价款的签订与调整（包括工程变更、工程洽商和索赔费用的计算）与工程款支付，工程结算、竣工结算和决算报告的编制与审核等。 （4）工程造价经济纠纷的鉴定和仲裁的咨询。 （5）提供工程造价信息服务等

项目	内 容
咨询合同的内容	建设工程造价咨询合同（示范文本）由三部分组成，即协议书、通用条件和专用条件。协议书主要用来明确合同当事人和约定合同当事人的基本合同权利义务。通用条件包括下列内容： 1）词语定义、语言、解释顺序与适用法律； 2）委托人的义务； 3）咨询人的义务； 4）违约责任； 5）支付； 6）合同变更、解除与终止； 7）争议解决； 8）其他
企业分支机构	分支机构不得以自己名义承接工程造价咨询业务、订立工程造价咨询合同、出具工程造价成果文件
跨省区承接业务	工程造价咨询企业跨省、自治区、直辖市承接工程造价咨询业务的，应当自承接业务之日起 30 日内到建设工程所在地省、自治区、直辖市人民政府建设主管部门备案

第二章 相关法律法规

考点一 建筑法

建筑法见表2-1。

表2-1 建 筑 法

项目	内 容
建筑许可	建筑许可包括建筑工程施工许可和从业资格两个方面。 建设单位应当自领取施工许可证之日起3个月内开工。因故不能按期开工的，应当向发证机关申请延期；延期以两次为限，每次不超过3个月。 既不开工又不申请延期或者超过延期时限的，施工许可证自行废止。 在建的建筑工程因故中止施工的，建设单位应当自中止施工之日起1个月内，向发证机关报告，并按照规定做好建设工程的维护管理工作。 建筑工程恢复施工时，应当向发证机关报告；中止施工满1年的工程恢复施工前，建设单位应当报发证机关核验施工许可证
建筑工程发包与承包	提倡对建筑工程实行总承包，禁止将建筑工程肢解发包。大型建筑工程或结构复杂的建筑工程，可以由两个以上的承包单位联合共同承包。共同承包的各方对承包合同的履行承担连带责任。禁止总承包单位将工程分包给不具备资质条件的单位。禁止分包单位将其承包的工程再分包
建筑安全生产管理	建筑工程安全生产管理必须坚持安全第一、预防为主的方针，建立健全安全生产的责任制度和群防群治制度
建筑工程质量管理	建设单位不得以任何理由，要求建筑设计单位或建筑施工单位违反法律、行政法规和建筑工程质量、安全标准，降低工程质量，建筑设计单位和建筑施工单位应当拒绝建设单位的此类要求

考点二 建设工程质量管理条例

1. 建设单位的质量责任和义务见表2-2。

表2-2 建设单位的质量责任和义务

项目	内 容
工程发包	建设单位应当将工程发包给具有相应资质等级的单位。建设单位不得将建设工程肢解发包
施工图设计文件审查	施工图设计文件未经审查批准的，不得使用

项目	内 容
工程监理	实行监理的建设工程，建设单位应当委托具有相应资质等级的工程监理单位进行监理，也可以委托具有工程监理相应资质等级并与被监理工程的施工承包单位没有隶属关系或者其他利害关系的该工程的设计单位进行监理
工程施工	根据《建设工程质量管理条例》的规定，建设单位在领取施工许可证或者开工报告前，应当按照国家有关规定办理工程质量监督手续。建设单位不得明示或者暗示施工单位使用不合格的建筑材料、建筑构配件和设备。涉及建筑主体和承重结构变动的装修工程，建设单位应当在施工前委托原设计单位或者具有相应资质等级的设计单位提出设计方案；没有设计方案的，不得施工。房屋建筑使用者在装修过程中，不得擅自变动房屋建筑主体和承重结构
工程竣工验收	根据《建设工程质量管理条例》的规定，建设工程竣工验收应当具备下列条件： 1）完成建设工程设计和合同约定的各项内容； 2）有完整的技术档案和施工管理资料； 3）有工程使用的主要建筑材料、建筑构配件和设备的进场试验报告； 4）有勘察、设计、施工、工程监理等单位分别签署的质量合格文件； 5）有施工单位签署的工程保修书。 建设单位应当严格按照国家有关档案管理的规定，及时收集、整理建设项目各环节的文件资料，建立、健全建设项目档案，并在建设工程竣工验收后，及时向建设行政主管部门或者其他有关部门移交建设项目档案

2. 施工单位的质量责任和义务见表 2-3。

表 2-3 施工单位的质量责任和义务

项目	内 容
工程承揽	根据《建设工程质量管理条例》的规定，施工单位应当依法取得相应等级的资质证书，并在其资质等级许可的范围内承揽工程。禁止施工单位超越本单位资质等级许可的业务范围或者以其他施工单位的名义承揽工程；禁止施工单位允许其他单位或者个人以本单位的名义承揽工程；施工单位不得转包或者违法分包工程
工程施工	根据《建设工程质量管理条例》的规定，施工单位对建设工程的施工质量负责
质量检验	根据《建设工程质量管理条例》的规定，施工单位必须按照工程设计要求、施工技术标准和合同约定，对建筑材料、建筑构配件、设备和商品混凝土进行检验，检验应当有书面记录和专人签字；未经检验或者检验不合格的，不得使用

考点三　建设工程安全生产管理条例

建设工程安全生产管理条例见表 2-4。

表 2-4　建设工程安全生产管理条例

项目	内　容
建设单位的安全责任	根据《建设工程安全生产管理条例》的规定，建设单位在编制工程概算时，应当确定建设工程安全作业环境及安全施工措施所需费用；在申请领取施工许可证时，应当提供建设工程有关安全施工措施的资料。依法批准开工报告的建设工程，建设单位应当自开工报告批准之日起 15 日内，将保证安全施工的措施报送建设工程所在地的县级以上地方人民政府建设行政主管部门或者其他有关部门备案
设计单位的安全责任	根据《建设工程安全生产管理条例》的规定，设计单位应当按照法律、法规和工程建设强制性标准进行设计，防止因设计不合理导致生产安全事故的发生。设计单位应当考虑施工安全操作和防护的需要，对涉及施工安全的重点部位和环节在设计文件中注明，并对防范生产安全事故提出指导意见
施工单位的安全责任	（1）施工单位主要负责人依法对本单位的安全生产工作全面负责。 （2）施工单位对列入建设工程概算的安全作业环境及安全施工措施所需费用，应当用于施工安全防护用具及设施的采购和更新、安全施工措施的落实、安全生产条件的改善，不得挪作他用。 （3）施工单位应当建立健全安全生产教育培训制度，应当对管理人员和作业人员每年至少进行一次安全生产教育培训，其教育培训情况记入个人工作档案。 （4）施工单位应当向作业人员提供安全防护用具和安全防护服装，并书面告知危险岗位的操作规程和违章操作的危害。 （5）施工单位应当自施工起重机械和整体提升脚手架、模板等自升式架设设施验收合格之日起 30 日内，向建设行政主管部门或者其他有关部门登记

考点四　招标投标法

1. 招标与投标见表 2-5。

表 2-5　招标与投标

项目		内　容
招标	招标方式	根据《招标投标法》的规定，招标分为公开招标和邀请招标两种方式
	招标文件	根据《招标投标法》的规定，招标人对已发出的招标文件进行必要的澄清或者修改的，应当在招标文件要求提交投标文件截止时间至少 15 日前，以书面形式通知所有招标文件收受人
	其他规定	根据《招标投标法》的规定，依法必须进行招标的项目，自招标文件开始发出之日起至投标人提交投标文件截止之日止，最短不得少于 20 日

项目		内　　容
投标	投标文件	根据招标文件载明的项目实际情况，投标人如果准备在中标后将中标项目的部分非主体、非关键工程进行分包的，应当在投标文件中载明。 在招标文件要求提交投标文件的截止时间后送达的投标文件，招标人应当拒收
	联合投标	根据《招标投标法》的规定，联合体中标的，联合体各方应当共同与招标人签订合同，就中标项目向招标人承担连带责任

2. 开标、评标和中标见表 2-6。

表 2-6　开标、评标和中标

项目	内　　容
开标	开标应当在招标人的主持下，在招标文件确定的提交投标文件截止时间的同一时间、招标文件中预先确定的地点公开进行。应邀请所有投标人参加开标。开标时，由投标人或者其推选的代表检查投标文件的密封情况，也可以由招标人委托的公证机构检查并公证
评标	根据《招标投标法》的规定，评标由招标人依法组建的评标委员会负责。依法必须进行招标的项目，其评标委员会由招标人的代表和有关技术、经济等方面的专家组成，成员人数为 5 人以上单数。其中，技术、经济等方面的专家不得少于成员总数的 2/3
中标	根据《招标投标法》的规定，中标人确定后，招标人应当向中标人发出中标通知书，并同时将中标结果通知所有未中标的投标人

考点五　招标投标法实施条例

招标投标法实施条例见表 2-7。

表 2-7　招标投标法实施条例

项目	内　　容
招标范围	（1）国有资金占控股或者主导地位的依法必须进行招标的项目，应当公开招标；但有下列情形之一的，可以邀请招标： 1）技术复杂、有特殊要求或者受自然环境限制，只有少量潜在投标人可供选择； 2）采用公开招标方式的费用占项目合同金额的比例过大。 （2）有下列情形之一的，可以不进行招标： 1）需要采用不可替代的专利或者专有技术； 2）采购人依法能够自行建设、生产或者提供； 3）已通过招标方式选定的特许经营项目投资人依法能够自行建设、生产或者提供； 4）需要向原中标人采购工程、货物或者服务，否则将影响施工或者功能配套要求； 5）国家规定的其他特殊情形

项目		内　容
属于串通投标和弄虚作假的情形	投标人相互串通投标	（1）有下列情形之一的，属于投标人相互串通投标： 1）投标人之间协商投标报价等投标文件的实质性内容； 2）投标人之间约定中标人； 3）按标人之间约定部分投标人放弃投标或者中标； 4）属于同一集团、协会、商会等组织成员的投标人按照该组织要求协同投标； 5）投标人之间为谋取中标或者排斥特定投标人而采取的其他联合行动。 （2）有下列情形之一的，视为投标人相互串通投标： 1）不同投标人的投标文件由同一单位或者个人编制； 2）不同投标人委托同一单位或者个人办理投标事宜； 3）不同投标人的投标文件载明的项目管理成员为同一人； 4）不同投标人的投标文件异常一致或者投标报价呈规律性差异； 5）不同投标人的投标文件相互混装； 6）不同投标人的投标保证金从同一单位或者个人的账户转出
	招标人与投标人串通投标	有下列情形之一的，属于招标人与投标人串通投标： （1）招标人在开标前开启投标文件并将有关信息泄露给其他投标人； （2）招标人直接或者间接向投标人泄露标底、评标委员会成员等信息； （3）招标人明示或者暗示投标人压低或者抬高投标报价； （4）招标人授意投标人撤换、修改投标文件； （5）招标人明示或者暗示投标人为特定投标人中标提供方便； （6）招标人与投标人为谋求特定投标人中标而采取的其他串通行为

考点六　合同法

1. 合同的订立见表 2-8。

表 2-8　合同的订立

项目	内　容
订立程序	根据《合同法》的规定，当事人订立合同，需要经过要约和承诺两个阶段。要约到达受要约人时生效。承诺通知到达要约人时生效。受要约人超过承诺期限发出承诺的，除要约人及时通知受要约人该承诺有效的以外，为新要约。承诺的内容应当与要约的内容一致。有关合同标的、数量、质量、价款或者报酬、履行期限、履行地点和方式、违约责任和解决争议方法等的变更，是对要约内容的实质性变更。受要约人对要约的内容作出实质性变更的，为新要约
合同的成立	根据《合同法》的规定，承诺生效时合同成立
格式条款	采用格式条款订立合同，提供格式条款的一方应当遵循公平的原则确定当事人之间的权利义务关系，并采取合理的方式提请对方注意免除或者限制其责任的条款，按照对方的要求，对该条款予以说明。对格式条款的理解发生争议的，应当按照通常理解予以解释。格式条款和非格式条款不一致的，应当采用非格式条款
缔约过失责任	构成条件：一是当事人有过错。无过错不承担责任。二是有损害后果的发生。无损失不承担责任。三是当事人的过错行为与造成的损失有因果关系

2. 合同的效力见表2-9。

表 2-9　合同的效力

项目		内　容
效力待定合同		效力待定合同是指合同已经成立，但合同效力能否产生尚不能确定的合同。效力待定合同包括：限制民事行为能力人订立的合同和无权代理人代订的合同
无效合同		根据《合同法》的规定，有下列情形之一的，合同无效： 1）一方以欺诈、胁迫的手段订立合同，损害国家利益； 2）恶意串通，损害国家、集体或第三人利益； 3）以合法形式掩盖非法目的； 4）损害社会公共利益； 5）违反法律、行政法规的强制性规定
可变更或者撤销的合同	合同可以变更或者撤销的情形	根据《合同法》的规定，当事人一方有权请求人民法院或者仲裁机构变更或者撤销的合同有： 1）因重大误解订立的； 2）在订立合同时显失公平的。 一方以欺诈、胁迫的手段或者乘人之危，使对方在违背真实意思的情况下订立的合同，受损害方有权请求人民法院或者仲裁机构变更或者撤销
	撤销权的消灭	根据《合同法》的规定，有下列情形之一的，撤销权消灭： 1）具有撤销权的当事人自知道或者应当知道撤销事由之日起1年内没有行使撤销权； 2）具有撤销权的当事人知道撤销事由后明确表示或者以自己的行为放弃撤销权

3. 合同的履行见表2-10。

表 2-10　合同的履行

项目	内　容
合同履行的一般规则	根据《合同法》的规定，合同生效后，当事人就质量、价款或者报酬、履行地点等内容没有约定或者约定不明确的，可以协议补充；不能达成补充协议的，按照合同有关条款或者交易习惯确定。依照上述规定仍不能确定的，适用下列规定： 1）质量要求不明确的，按照国家标准、行业标准履行；没有国家标准、行业标准的，按照通常标准或者符合合同目的的特定标准履行。 2）价款或者报酬不明确的，按照订立合同时履行地的市场价格履行；依法应当执行政府定价或者政府指导价的，按照规定履行。 3）履行地点不明确，给付货币的，在接受货币一方所在地履行；交付不动产的，在不动产所在地履行；其他标的，在履行义务一方所在地履行。 4）履行期限不明确的，债务人可以随时履行，债权人也可以随时要求履行，但应当给对方必要的准备时间。 5）履行方式不明确的，按照有利于实现合同目的的方式履行。 6）履行费用的负担不明确的，由履行义务一方负担

续表 2–10

项目	内　容
合同履行的特殊规则	根据《合同法》的规定，执行政府定价或政府指导价的，在合同约定的交付期限内政府价格调整时，按照交付时的价格计价。逾期交付标的物的，遇价格上涨时，按照原价格执行；价格下降时，按照新价格执行。逾期提取标的物或者逾期付款的，遇价格上涨时，按照新价格执行；价格下降时，按照原价格执行

4. 违约责任的特点及承担方式见表 2–11。

表 2–11　违约责任的特点及承担方式

项目	内　容
特点	（1）以有效合同为前提。 （2）以违反合同义务为要件。 （3）可由当事人在法定范围内约定。 （4）是一种民事赔偿责任
承担方式	根据《合同法》的规定，当事人一方不履行合同义务或者履行合同义务不符合约定的，应当承担继续履行、采取补救措施或者赔偿损失等违约责任。 　　根据《合同法》的规定，当事人可以依照《担保法》约定一方向对方给付定金作为债权的担保。债务人履行债务后，定金应当抵作价款或者收回。给付定金的一方不履行约定的债务的，无权要求返还定金；收受定金的一方不履行约定的债务的，应当双倍返还定金。当事人既约定违约金，又约定定金的，一方违约时，对方可以选择适用违约金或者定金条款

第三章 工程项目管理

考点一 工程项目管理概述

1. 分部（子分部）工程与分项工程的类别见表 3-1。

表 3-1 分部（子分部）工程与分项工程的类别

项目	内 容
分部（子分部）工程	地基与基础、主体结构、装饰装修、屋面、给排水及采暖、通风与空调、建筑电气、智能建筑、建筑节能、电梯等分部工程
分项工程	分项工程包括：土方开挖、土方回填、钢筋、模板、混凝土、砖砌体、木门窗制作与安装、钢结构基础等工程

2. 项目投资决策管理制度见表 3-2。

表 3-2 项目投资决策管理制度

项目		内 容
政府投资项目		对于采用直接投资和资本金注入方式的政府投资项目，政府需要从投资决策的角度审批项目建议书和可行性研究报告，除特殊情况外，不再审批开工报告，同时还要严格审批其初步设计和概算；对于采用投资补助、转贷和贷款贴息方式的政府投资项目，则只审批资金申请报告
非政府投资项目	核准制	企业投资建设实行核准制的项目，仅需向政府提交项目申请报告，不再经过批准项目建议书、可行性研究报告和开工报告的程序
	备案制	对于政府核准的投资项目目录以外的企业投资项目，实行备案制。除国家另有规定外，由企业按照属地原则向地方政府投资主管部门备案

3. 工程质量监督手续及施工许可证的办理见表 3-3。

表 3-3 工程质量监督手续及施工许可证的办理

项目	内 容
工程质量监督手续的办理	建设单位在办理施工许可证之前办理工程质量监督注册手续。办理质量监督注册手续时需提供的资料包括： 1）施工图设计文件审查报告和批准书； 2）中标通知书和施工、监理合同； 3）建设单位、施工单位和监理单位工程项目的负责人和机构组成； 4）施工组织设计和监理规划（监理实施细则）； 5）其他需要的文件资料

续表 3-3

项目	内　　容
施工许可证的办理	建设单位在开工前应当向工程所在地县级以上人民政府建设行政主管部门申请领取施工许可证。必须申请领取施工许可证的建筑工程未取得施工许可证的，一律不得开工

4. 工程项目董事会及总经理的职权见表 3-4。

表 3-4　工程项目董事会及总经理的职权

主体	职　　权
项目董事会	负责筹措建设资金；审核、上报项目初步设计和概算文件；审核、上报年度投资计划并落实年度资金；提出项目开工报告；研究解决建设过程中出现的重大问题；负责提出项目竣工验收申请报告；审定偿还债务计划和生产经营方针，并负责按时偿还债务；聘任或解聘项目总经理，并根据总经理的提名，聘任或解聘其他高级管理人员
项目总经理	组织编制项目初步设计文件，对项目工艺流程、设备选型、建设标准、总图布置提出意见，提交董事会审查；组织工程设计、施工监理、施工队伍和设备材料采购的招标工作，编制和确定招标方案、标底和评标标准，评选和确定投标、中标单位，实行国际招标的项目，按现行规定办理；编制并组织实施项目年度投资计划、用款计划、建设进度计划；编制项目财务预算、决算；编制并组织实施归还贷款和其他债务计划；组织工程建设实施，负责控制工程投资、工期和质量；在项目建设过程中，在批准的概算范围内对单项工程的设计进行局部调整（凡引起生产性质、能力、产品品种和标准变化的设计调整以及概算调整，需经董事会决定并报原审批单位批准）；根据董事会授权处理项目实施中的重大紧急事件，并及时向董事会报告；负责生产准备工作和培训有关人员；负责组织项目试生产和单项工程预验收；拟订生产经营计划、企业内部机构设置、劳动定员定额方案及工资福利方案；组织项目后评价，提出项目后评价报告；按时向有关部门报送项目建设、生产信息和统计资料；提请董事会聘任或解聘项目高级管理人员

考点二　工程项目组织

1. 业主方项目管理组织模式见表 3-5。

表 3-5　业主方项目管理组织模式

模式	特　　点
PMC	（1）通过优化设计方案，可实现建设工程全寿命期成本最低。 （2）通过选择合适的合同方式，可从整体上为业主节省建设投资。 （3）通过多项目采购协议及统一的项目采购协议，可降低建设投资。 （4）通过现金管理及现金流量优化，可降低建设投资

续表 3-5

模式	特　　点
工程代建制	（1）工程代建单位的责任范围只是在工程项目建设实施阶段。 （2）工程代建单位不负责建设资金的筹措。 （3）工程代建单位不负责项目运营期间的资产保值增值。 （4）工程代建制适用于政府投资的非经营性项目

2. 工程项目发承包模式见表 3-6。

表 3-6　工程项目发承包模式

模式		特　　点
总分包模式		有利于工程项目的组织管理、控制工程造价、控制工程质量、缩短建设工期。 　对建设单位而言，选择总承包单位的范围小，一般合同金额较高。对总承包单位而言，责任重、风险大，需要具有较高的管理水平和丰富的实践经验。获得高额利润的潜力也比较大
平行承包模式		有利于建设单位择优选择承包单位、控制工程质量、缩短建设工期；组织管理和协调工作量大；工程造价控制难度大；相对于总分包模式而言，平行承包模式不利于发挥那些技术水平高、综合管理能力强的承包单位的综合优势
联合体承包模式	建设单位	合同结构简单，组织协调工作量小，有利于工程造价和建设工期的控制
	联合体	可以集中各成员单位在资金、技术和管理等方面的优势，克服单一公司力不能及的困难，不仅可增强竞争能力，而且也可增强抗风险能力
合作体承包模式		（1）建设单位的组织协调工作量小，但风险较大。 （2）各承包单位之间既有合作的愿望，又不愿意组成联合体
CM 承包模式		（1）采用快速路径法施工。 （2）代理型的 CM 单位不负责工程分包的发包，与分包单位的合同由建设单位直接签订。而非代理型的 CM 单位直接与分包单位签订分包合同。 （3）CM 合同采用成本加酬金方式。 在工程造价控制方面的价值体现在以下几个方面： （1）与施工总承包模式相比，采用 CM 承包模式时的合同价更具合理性。 （2）CM 单位不赚取总包与分包之间的差价。 （3）应用价值工程方法挖掘节约投资的潜力。 （4）GMP 可大大减少建设单位在工程造价控制方面的风险
Partnering 模式		（1）出于自愿。 （2）高层管理者参与。 （3）Partnering 协议不是法律意义上的合同。 （4）信息的开放性

3. 工程项目管理组织机构形式见表3-7。

表3-7 工程项目管理组织机构形式

项目	内　　容
直线制	结构简单、权力集中、易于统一指挥、隶属关系明确、职责分明、决策迅速
职能制	强调管理业务的专门化，注意发挥各类专家在项目管理中的作用
直线职能制	集中领导、职责清楚，有利于提高管理效率
矩阵制	较大的机动性和灵活性、处理不当会产生扯皮现象

考点三　工程项目计划与控制

1. 工程项目计划体系见表3-8。

表3-8 工程项目计划体系

项目	内　　容
建设单位的计划体系	建设单位编制的计划体系包括工程项目前期工作计划、工程项目建设总进度计划和工程项目年度计划。 工程项目建设总进度计划表格部分包括工程项目一览表、工程项目总进度计划、投资计划年度分配表和工程项目进度平衡表
承包单位的计划体系	（1）项目管理规划大纲。 （2）项目管理实施规划

2. 工程项目施工组织设计见表3-9。

表3-9 工程项目施工组织设计

分类	编制及审批
施工组织总设计	施工项目负责人主持编制，总承包单位技术负责人负责审批
单位工程施工组织设计	施工项目负责人主持编制，施工单位技术负责人或其授权的技术人员负责审批
施工方案	项目技术负责人审批，重点、难点分部（分项）或专项工程的施工方案由施工单位技术部门组织相关专家评审，施工单位技术负责人批准
专项施工方案	施工单位应当在危险性较大的分部分项工程施工前编制专项施工方案。 专项方案应当由施工单位技术部门组织本单位施工技术、安全、质量等部门的专业技术人员进行审核

3. 工程项目目标控制的措施及方法见表 3-10。

表 3-10　工程项目目标控制的措施及方法

项目	内　容
措施	组织措施、技术措施、经济措施、合同措施
方法	网络计划技术、S 曲线法、香蕉曲线法、排列图法、因果分析图法、直方图法、控制图法

考点四　流水施工组织方法

1. 流水施工参数见表 3-11。

表 3-11　流水施工参数

项目	内　容
工艺参数	施工工艺方面进展状态的参数,包括施工过程和流水强度两个参数
空间参数	空间布置上开展状态的参数,包括工作面和施工段
时间参数	时间安排上所处状态的参数,包括流水节拍、流水步距和流水施工工期等

2. 流水施工基本组织方式的特点见表 3-12。

表 3-12　流水施工基本组织方式的特点

种类	特　点
固定节拍流水施工	(1) 所有施工过程在各个施工段上的流水节拍均相等。 (2) 相邻施工过程的流水步距相等,且等于流水节拍。 (3) 专业工作队数等于施工过程数。 (4) 连续作业,施工段之间没有空闲时间
异步距异节奏流水施工	(1) 同一施工过程在各个施工段上的流水节拍均相等,不同施工过程之间的流水节拍不尽相等。 (2) 相邻施工过程之间的流水步距不尽相等。 (3) 专业工作队数等于施工过程数。 (4) 连续作业,施工段之间可能存在空闲时间
成倍节拍流水施工	(1) 同一施工过程在其各个施工段上的流水节拍均相等;不同施工过程的流水节拍不等,但其值为倍数关系。 (2) 相邻施工过程的流水步距相等,且等于流水节拍的最大公约数 (K)。 (3) 专业工作队数大于施工过程数。 (4) 连续作业,施工段之间没有空闲时间
非节奏流水施工	(1) 各施工过程在各施工段的流水节拍不全相等。 (2) 相邻施工过程的流水步距不尽相等。 (3) 专业工作队数等于施工过程数。 (4) 连续作业,但有的施工段之间可能有空闲时间

3. 流水施工工期的计算见表 3-13。

表 3-13　流水施工工期的计算

项目	内　容
固定节拍流水施工工期	（1）有间歇时间的固定节拍流水施工： $$T=(m+n-1)t+\sum G+\sum Z$$ 式中，m 表示施工段数目；n 表示施工过程数目；t 表示流水节拍；G 表示工艺间歇时间；Z 表示组织间歇时间。 （2）有提前插入时间的固定节拍流水施工： $$T=(m+n-1)t+\sum G+\sum Z-\sum C$$ 式中，C 表示提前插入时间。其他符号含义同前
成倍节拍流水施工工期	$$T=(m+n'-1)K+\sum G+\sum Z-\sum C$$ 式中，n' 表示专业工作队数目。其他符号含义同前
非节奏流水施工工期	$$T=\sum K+\sum t_n+\sum G+\sum Z-\sum C$$ 式中，T 表示流水施工工期；$\sum K$ 表示各施工过程（或专业工作队）之间流水步距之和；$\sum t_n$ 表示最后一个施工过程（或专业工作队）在各施工段流水节拍之和。其他符号含义同前

考点五　工程网络计划技术

1. 按工作计算法计算双代号网络计划时间参数见表 3-14。

表 3-14　按工作计算法计算双代号网络计划时间参数

项目	内　容
最早开始时间	以网络计划起点节点为开始节点的工作，当未规定其最早开始时间时，其最早开始时间为零。 其他工作的最早开始时间应等于其紧前工作最早完成时间的最大值，即： $$ES_{i-j}=\max\{EF_{h-i}\}=\max\{ES_{h-i}+D_{h-i}\}$$
最早完成时间	$$EF_{i-j}=ES_{i-j}+D_{i-j}$$ 式中，EF_{i-j} 表示工作 $i-j$ 的最早完成时间；ES_{i-j} 表示工作 $i-j$ 的最早开始时间；D_{i-j} 表示工作 $i-j$ 的持续时间
计算工期	网络计划的计算工期应等于以网络计划终点节点为完成节点的工作的最早完成时间的最大值，即： $$T_c=\max\{EF_{i-n}\}=\max\{ES_{i-n}+D_{i-n}\}$$
最迟完成时间	以网络计划终点节点为完成节点的工作，其最迟完成时间等于网络计划的计划工期，即： $$LF_{i-n}=T_p$$ 其他工作的最迟完成时间应等于其紧后工作最迟开始时间的最小值，即： $$LF_{i-j}=\min\{LS_{j-k}\}=\min\{LF_{j-k}-D_{j-k}\}$$

项目	内　容
最迟开始时间	$$LS_{i-j}=LF_{i-j}-D_{i-j}$$ 式中，LS_{i-j} 表示工作 i-j 的最迟开始时间；LF_{i-j} 表示工作 i-j 的最迟完成时间；D_{i-j} 表示工作 i-j 的持续时间
总时差	工作的总时差等于该工作最迟开始时间与最早开始时间之差，或等于该工作最迟完成时间与最早完成时间之差，即： $$TF_{i-j}=LF_{i-j}-EF_{i-j}=LS_{i-j}-ES_{i-j}$$
自由时差	（1）对于有紧后工作的工作，其自由时差等于本工作之紧后工作最早开始时间减本工作最早完成时间所得之差的最小值，即： $$FF_{i-j}=\min\{ES_{j-k}-EF_{i-j}\}=\min\{ES_{j-k}-ES_{i-j}-D_{i-j}\}$$ 　　（2）对于无紧后工作的工作，也就是以网络计划终点节点为完成节点的工作，其自由时差等于计划工期与本工作最早完成时间之差，即： $$FF_{i-n}=T_{p}-EF_{i-n}=T_{p}-ES_{i-n}-D_{i-n}$$

2. 按节点计算法计算双代号网络计划时间参数见表 3-15。

表 3-15　按节点计算法计算双代号网络计划时间参数

项目	内　容
最早开始时间	工作的最早开始时间等于该工作开始节点的最早时间，即： $$ES_{i-j}=ET_{i}$$
最早完成时间	工作的最早完成时间等于该工作开始节点的最早时间与其持续时间之和，即： $$EF_{i-j}=ET_{i}+D_{i-j}$$
最迟完成时间	工作的最迟完成时间等于该工作完成节点的最迟时间，即： $$LF_{i-j}=LT_{j}$$
最迟开始时间	工作的最迟开始时间等于该工作完成节点的最迟时间与其持续时间之差，即： $$LS_{i-j}=LT_{j}-D_{i-j}$$
自由时差	工作的自由时差等于该工作完成节点的最早时间减去该工作开始节点的最早时间所得差值再减其持续时间
总时差	工作的总时差等于该工作完成节点的最迟时间减去该工作开始节点的最早时间所得差值再减其持续时间

3. 关键工作和关键线路的确定见表 3-16。

表 3-16　关键工作和关键线路的确定

项目	内　　容
确定关键工作	（1）在网络计划中，总时差最小的工作就是关键工作。 （2）在网络计划中，最迟完成时间与最早完成时间的差值最小的工作就是关键工作。 （3）在网络计划中，最迟开始时间与最早开始时间的差值最小的工作就是关键工作。 （4）当网络计划的计划工期与计算工期相同时，总时差为零的工作是关键工作。 （5）当网络计划的计划工期与计算工期相同时，最迟完成时间与最早完成时间的差值为零的工作就是关键工作。 （6）当网络计划的计划工期与计算工期相同时，最迟开始时间与最早开始时间的差值为零的工作就是关键工作。 （7）在单代号搭接网络计划中，具有的机动时间最小的工作就是关键工作。 （8）在网络计划中，关键线路上的工作称为关键工作。 （9）在双代号网络计划中，关键工作两端的节点必为关键节点，但两端为关键节点的工作不一定是关键工作
确定关键线路	（1）在网络计划中，自始至终全部由关键工作组成的线路为关键线路。 （2）将网络计划中的所有关键工作首尾相连，构成的通路就是关键线路。 （3）在网络计划中，线路上总的持续时间最长的线路为关键线路。 （4）在网络计划中，如果某线路上各项工作的持续时间之和等于网络计划的计算工期，那么该线路为关键线路。 （5）在单代号网络计划中，从起点节点到终点节点均为关键工作，且所有工作的时间间隔为零的线路为关键线路。 （6）在单代号搭接网络计划中，从起点节点到终点节点均为关键工作，且所有工作的时间间隔为零的线路为关键线路。 （7）在双代号网络计划中，关键线路上的节点称为关键节点。关键节点的最迟时间与最早时间的差值最小。特别地，当网络计划的计划工期等于计算工期时，关键节点的最迟时间与最早时间的必然相等。关键节点必然处在关键线路上，但由关键节点组成的线路不一定是关键线路。 （8）在时标网络计划中，凡自始至终不出现波形线的线路就是关键线路。 （9）在时标网络计划中，相邻两项工作之间的时间间隔全部为零的线路就是关键线路。 （10）在时标网络计划中，如果某线路上所有工作的总时差或自由时差全部为零，那么该线路就是关键线路。反之亦然。 （11）在网络计划中，关键线路可能不只有一条。 （12）在网络计划执行过程中，关键线路有可能转移。 （13）关键线路上可能有虚工作存在

4. 网络计划的优化见表 3-17。

表 3-17　网络计划的优化

项　目	内　　容
工期优化	通过压缩关键工作的持续时间以满足要求工期目标的过程
费用优化	寻求工程总成本最低时的工期安排的过程。 按要求工期寻求最低成本的计划安排的过程
资源优化	"资源有限，工期最短"的优化。 "工期固定，资源均衡"的优化

考点六　工程总承包合同管理

工程总承包合同管理见表 3-18。

表 3-18　工程总承包合同管理

项　目		内　　容
合同文件 解释顺序		合同协议书与下列文件一起构成合同文件： 1）中标通知书。 2）投标函及投标函附录。 3）专用合同条款。 4）通用合同条款。 5）发包人要求。 6）价格清单。 7）承包人建议。 8）其他合同文件。 　上述文件互相补充和解释，如有不明确或不一致之处，以合同约定次序在先者为准
工程总承包 合同履行	发包人 义务	（1）遵守法律。 （2）发出承包人开始工作通知。 （3）提供施工场地。 （4）办理证件和批件。 （5）支付合同价款。 （6）组织竣工验收。 （7）其他义务

项目		内　容
工程总承包合同履行	承包人义务	（1）遵守法律。 （2）依法纳税。 （3）完成各项承包工作。 （4）对设计、施工作业和施工方法，以及工程的完备性负责。 （5）保证工程施工和人员的安全。 （6）负责施工场地及其周边环境与生态的保护工作。 （7）避免施工对公众与他人的利益造成损害。 （8）为他人提供方便。 （9）工程的维护和照管。 （10）其他义务

第四章 工程经济

考点一 资金的时间价值及其计算

1. 现金流量及现金流量图绘制规则见表4-1。

表4-1 现金流量及现金流量图绘制规则

项目	内 容
现金流量图的三要素	资金数额的大小、资金流入或流出和资金流入或流出的时间点
现金流量图的绘制规则	（1）横轴上0表示时间序列的起点，n表示时间序列的终点。整个横轴表示寿命周期。 （2）垂直箭线代表不同时点的现金流入或现金流出。 （3）垂直箭线的长度要能适当体现各时点现金流量的大小，并注明其现金流量的数值。 （4）垂直箭线与时间轴的交点为现金流量发生的时点

2. 利息计算方法见表4-2。

表4-2 利息计算方法

项目	内 容
单利计算	$I_t=P \cdot i_d$ 式中，I_t表示第t个计息期的利息额；P表示本金；i_d表示计息周期单利利率
复利计算	$I_t=i \cdot F_{t-1}$ 式中，I_t表示第t个计息期利息额；i表示计息周期复利利率；F_{t-1}表示第（$t-1$）个计息期末复利本利和

3. 等值计算见表4-3。

表4-3 等值计算

项目		内 容
一次支付的情形	终值计算	$F=P(1+i)^n$ 式中的$(1+i)^n$称为一次支付终值系数，用$(F/P, i, n)$表示，则可写成：$F=P(F/P, i, n)$
	现值计算	$P=F(1+i)^{-n}$ 式中$(1+i)^{-n}$称为一次支付现值系数，用符号$(P/F, i, n)$表示，则可写成：$P=F(P/F, i, n)$

项目		内　容
等额支付系列情形	终值计算	$$F = A\frac{(1+i)^n - 1}{i}$$ 式中，$\frac{(1+i)^n - 1}{i}$ 称为等额系列终值系数或年金终值系数，用符号（F/A，i，n）表示，又可写成：$F=A$（F/A，i，n）
	现值计算	$$P = F(1+i)^{-n} = A\frac{(1+i)^n - 1}{i(1+i)^n}$$ 式中，$\frac{(1+i)^n - 1}{i(1+i)^n}$ 称为等额系列现值系数或年金现值系数，用符号（P/A，i，n）表示，则又可写成：$P=A$（P/A，i，n）
	资金回收计算	$$A = P\frac{i(1+i)^n}{(1+i)^n - 1}$$ 式中，$\frac{i(1+i)^n}{(1+i)^n - 1}$ 称为等额支付系列资金回收系数，用符号（A/P，i，n）表示，则又可写成 $A=P$（A/P，i，n）
	偿债基金计算	$$A = F\frac{i}{(1+i)^n - 1}$$ 式中，$\frac{i}{(1+i)^n - 1}$ 称为等额支付系列偿债基金系数，用符号（A/F，i，n）表示，则又可写成：$A=F$（A/F，i，n）

4. 名义利率和有效利率的计算见表 4-4。

表 4-4　名义利率和有效利率的计算

项目	内　容
名义利率	名义利率 r 是指计息周期利率 i 乘以一个利率周期内的计息周期数 m 所得的利率周期利率。公式为：$$r = i \times m$$
有效利率	（1）计息周期有效利率。公式为：$$i = \frac{r}{m}$$ （2）利率周期有效利率。公式为：$$i_{\text{eff}} = \frac{I}{P} = \left(1 + \frac{r}{m}\right)^m - 1$$

考点二　投资方案经济效果评价

1. 投资方案经济评价指标体系见表4-5。

表4-5　投资方案经济评价指标体系

项目	内　　容
静态评价指标	（1）投资收益率：总投资收益率、资本金净利润率。 （2）静态投资回收期。 （3）偿债能力：资产负债率、利息备付率、偿债备付率
动态评价指标	内部收益率、动态投资回收期、净现值、净现值率、净年值

2. 投资收益率见表4-6。

表4-6　投资收益率

项目	内　　容
应用指标	（1）总投资收益率（ROI）等于项目达到设计生产能力后正常年份的年息税前利润或运营期内年平均息税前利润与项目总投资的比值，即 $ROI=\dfrac{EBIT}{TI} \times 100\%$。 （2）资本金净利润率（ROE）等于项目达到设计生产能力后正常年份的年净利润或运营期内年平均净利润与表示项目资本金的比值，即 $ROE=\dfrac{NP}{EC} \times 100\%$
优点与不足	优点：经济意义明确、直观，计算简便，反映投资效果的优劣，用于各种投资规模。 不足：没有考虑投资收益的时间因素，忽视了资金具有时间价值的重要性；正常生产年份的选择比较困难

3. 投资回收期见表4-7。

表4-7　投资回收期

项目	内　　容
静态投资回收期	（1）项目建成投产后各年的净收益（即净现金流量）均相同，则静态投资回收期 $P_t=\dfrac{TI}{A}$。 （2）项目建成投产后各年的净收益不相同，则静态投资回收期可根据累计净现金流量求得，计算公式为： $P_t=$（累计净现金流量出现正值的年份数 −1）+（上一年累计净现金流量的绝对值 / 出现正值年份的净现金流量）
优点和不足	优点：容易理解，计算也比较简便；显示资本的周转速度。 不足：没有全面考虑投资方案整个计算期内的现金流量，无法准确衡量方案在整个计算期内的经济效果

4. 偿债能力指标见表 4-8。

表 4-8 偿债能力指标

项目	内 容
利息备付率	$$ICR = \frac{EBIT}{PI}$$ 式中，$EBIT$ 表示息税前利润；PI 表示计入总成本费用的应付利息。 利息备付率越高，保障程度越高。利息备付率应大于 1，并结合债权人的要求确定
偿债备付率	偿债备付率（$DSCR$）是指投资方案在借款偿还期内各年可用于还本付息的资金（$EBITDA-T_{AX}$）与当期应还本付息金额（PD）的比值。表示可用于还本付息的资金偿还借款本息的保障程度。计算公式为： $$DSCR = \frac{EBITDA - T_{AX}}{PD}$$
资产负债率	$$LOAR = \frac{TL}{TA} \times 100\%$$ 式中，TL 表示期末负债总额；TA 表示期末资产总额

5. 净现值见表 4-9。

表 4-9 净现值

项目	内 容
计算公式	$$NPV = \sum_{t=0}^{n} (CI - CO)_t (1 + i_c)^{-t}$$ 式中，NPV 表示净现值；$(CI-CO)_t$ 表示第 t 年的净现金流量（应注意"+""–"号）；i_c 表示基准收益率；n 表示投资方案计算期
优点与不足	优点：考虑了资金的时间价值并全面考虑了项目在整个计算期内的经济状况；经济意义明确直观，直接以金额表示项目的盈利水平；判断直观。 不足：必须首先确定一个符合经济现实的基准收益率；如果互斥方案寿命不等，必须构造一个相同的分析期限，才能进行方案比选

6. 内部收益率见表 4-10。

表 4-10 内部收益率

项目	内 容
计算公式	对常规投资项目，内部收益率就是净现值为零时的收益率，其计算公式为： $$NPV(IRR) = \sum_{t=0}^{n} (CI - CO)_t (1 + IRR)^{-t}$$ 式中，IRR 表示内部收益率
优点和不足	优点：考虑了资金的时间价值以及项目在整个计算期内的经济状况；能够直接衡量项目未回收投资的收益率；不需要事先确定一个基准收益率，而只需要知道大致范围即可。 不足：计算比较麻烦；非常规现金流量的项目，其内部收益率不唯一的，甚至不存在

7. 互斥型方案的评价见表 4-11。

表 4-11 互斥型方案的评价

项目		方 法
静态评价方法		增量投资收益率、增量投资回收期、年折算费用、综合总费用等评价方法进行相对经济效果的评价
动态评价方法	计算期相同	净现值（NPV）法、增量投资内部收益率（ΔIRR）法、净年值（NAV）法
	计算期不同	净年值（NAV）法、净现值（NPV）法（最小公倍数法、研究期法、无限期计算法）、增量投资内部收益率（ΔIRR）法

8. 不确定性分析与风险分析见表 4-12。

表 4-12 不确定性分析与风险分析

项目		内 容
不确定性分析	盈亏平衡分析	（1）用产量表示的盈亏平衡点 $BEP(Q)$： $BEP(Q)$＝年固定总成本 /（单位产品销售价格－单位产品可变成本－单位产品销售税金及附加） （2）用生产能力利用率表示的盈亏平衡点 $BEP(\%)$： $BEP(\%)$＝年固定总成本 /（年销售收入－年可变成本－年销售税金及附加）×100% （3）用年销售额表示的盈亏平衡点 $BEP(S)$： $BEP(S)$＝（单位产品销售价格 × 年固定总成本）/（单位产品销售价格－单位产品可变成本－单位产品销售税金及附加） （4）用销售单价表示的盈亏平衡点 $BEP(p)$： $BEP(p)$＝年固定总成本 / 设计生产能力＋单位产品可变成本＋单位产品销售税金及附加
	敏感性分析	敏感性分析在一定程度上定量描述了不确定因素的变动对项目投资效果的影响，但它不能说明不确定因素发生变动的情况的可能性大小
风险分析		定性与定量相结合的方法，分析风险因素发生的可能性及给项目带来经济损失的程度

考点三 价值工程

1. 价值工程的概念及特点见表 4-13。

表 4-13 价值工程的概念及特点

项目	内 容
概念	价值工程以提高产品或作业价值为目的，寻求用最低的寿命周期成本，属于一种管理技术。价值工程中所述的"价值"是指对象的比较价值
特点	（1）以最低的寿命周期成本，使产品具备其所必须具备的功能。 （2）核心是对产品进行功能分析。 （3）将产品价值、功能和成本作为一个整体同时来考虑。 （4）强调不断改革和创新。 （5）要求将功能定量化。 （6）以集体的智慧开展的有计划、有组织的管理活动

2. 价值工程的工作程序见表 4-14。

表 4-14 价值工程的工作程序

工作阶段	内 容
准备阶段	（1）对象选择：常用的方法有因素分析法、ABC 分析法、强制确定法、百分比分析法、价值指数法。 （2）组成价值工程工作小组。 （3）制订工作计划
分析阶段	（1）收集整理资料： 1）按功能的重要程度分类，产品的功能一般可分为基本功能和辅助功能两类； 2）按功能的性质分类，产品的功能可分为使用功能和美学功能； 3）按用户的需求分类，功能可分为必要功能和不必要功能，必要功能包括使用功能、美学功能、基本功能、辅助功能等均为必要功能；不必要功能包括多余功能、重复功能过剩功能； 4）按功能的量化标准分类，产品的功能可分为过剩功能和不足功能。 （2）功能定义。 （3）功能整理，主要任务就是建立功能系统图。 （4）功能评价，功能的价值系数计算结果有以下三种情况： 1）$V=1$。即功能评价值等于功能现实成本。这表明评价对象的功能现实成本与实现功能所必需的最低成本大致相当。此时，说明评价对象的价值为最佳，一般无需改进。 2）$V<1$。即功能现实成本大于功能评价值。表明评价对象的现实成本偏高，而功能要求不高。可能的原因有：存在着过剩的功能，实现功能的条件或方法不佳。解决措施是剔除过剩功能及降低现实成本为改进方向。 3）$V>1$。即功能现实成本大于功能评价值，表明该部件功能比较重要，但分配的成本较少。此时，应进行具体分析，功能与成本的分配问题可能已较理想，或者有不必要的功能，或者应该提高成本

续表 4-14

工作阶段	内　容
创新阶段	（1）方案创造：方法包括头脑风暴（BS）法、哥顿法、专家意见法、专家检查法。 （2）方案评价。 （3）提案编写
方案实施与评价阶段	方案审批、方案实施、成果评价

考点四　工程寿命周期成本分析

工程寿命周期成本分析见表 4-15。

表 4-15　工程寿命周期成本分析

项目		内　容
含义		工程产品从研究开发、设计、建造、使用直到报废所经历的全部时间为工程寿命周期。在工程寿命周期成本（LCC）中，包括经济成本、环境成本和社会成本
分析方法	费用效率（CE）法	$$CE = \frac{SE}{LCC} = \frac{SE}{IC + SC}$$ 式中，CE 表示费用效率；SE 表示工程系统效率；LCC 表示工程寿命周期成本；IC 表示设置费；SC 表示维持费。 　常用的费用估算的方法有费用模型估算法、参数估算法、类比估算法、费用项目分别估算法
	固定效率法和固定费用法	固定费用法是将费用值固定下来，然后选出能得到最佳效率的方案。 固定效率法是将效率值固定下来，然后选取能达到这个效率而费用最低的方案
	权衡分析法	权衡分析的对象包括设置费与维持费之间、设置费中各项费用之间、维持费中各项费用之间、系统效率和寿命周期成本之间、从开发到系统设置完成这段时间与设置费之间

第五章 工程项目投融资

考点一 工程项目资金来源

1. 项目资本金制度见表5-1。

表5-1 项目资本金制度

项目	内 容
项目资本金的概念	项目资本金是指在项目总投资中由投资者认缴的出资额,对投资项目来说是非债务性资金,项目法人不承担这部分资金的任何利息和债务;投资者可按其出资的比例依法享有所有者权益,也可转让其出资,但不得以任何方式抽回
项目资本金的出资方式	项目资本金可以用货币出资,也可以用实物、工业产权、非专利技术、土地使用权作价出资

2. 项目资金筹措的渠道见表5-2。

表5-2 项目资金筹措的渠道

项目	内 容
既有法人项目	内部资金来源:企业的现金、未来生产经营中获得的可用于项目的资金、企业资产变现;企业产权转让。 外部资金来源:资本市场发行股票、企业增资扩股、国家预算内资金为来源的融资方式
新设法人项目	在资本市场募集股本资金(私募与公开募集)。 合资合作

3. 资金成本的构成与计算见表5-3。

表5-3 资金成本的构成与计算

项目		内 容
构成	资金筹集成本	资金筹集成本属于一次性费用,包括发行股票或债券支付的印刷费、发行手续费、律师费、资信评估费、公证费、担保费、广告费等
	资金使用成本	资金使用成本包括支付给股东的各种股息和红利、向债权人支付的贷款利息以及支付给其他债权人的各种利息费用等
计算	一般形式	$$K = \frac{D}{P-F} = \frac{D}{P(1-f)}$$ 式中,K表示资金成本率(一般也可称为资金成本);P表示筹资资金总额;D表示使用费;F表示筹资费;f表示筹资费率(即筹资费占筹资资金总额的比率)

续表 5-3

项目			内　容
计算	个别资金成本	权益资金成本	（1）优先股成本。计算公式为： $$K_p = \frac{D_p}{P_0(1-f)} = \frac{P_0 \cdot i}{P_0(1-f)} = \frac{i}{1-f}$$ 式中，K_p 表示优先股成本率；P_0 表示优先股票面值；D_p 表示优先股每年股息；i 表示股息率；f 表示筹资费费率（即筹资费占筹资资金总额的比率）。 （2）普通股成本。 1）股利增长模型法： $$K_s = \frac{D_c}{P_c(1-f)} + g = \frac{i_c}{1-f} + g$$ 式中，K_s 表示普通股成本率；P_c 表示普通股票面值；D_c 表示普通股预计年股利额；i_c 表示普通股预计年股利率；g 表示普通股利年增长率；f 表示筹资费费率（即筹资费占筹资资金总额的比率）。 2）税前债务成本加风险溢价法： $$K_s = K_b + RP_c$$ 式中，K_s 表示普通股成本率；K_b 表示所得税前的债务资金成本；RP_c 表示投资者比债权人承担更大风险所要求的风险溢价。 3）资本资产定价模型法： $$K_s = R_f + \beta(R_m - R_f)$$ 式中，K_s 表示普通股成本率；R_f 表示社会无风险投资收益率；β 表示股票的投资风险系数；R_m 表示市场投资组合预期收益率。 （3）保留盈余成本。 $$K_R = \frac{D_c}{P_c} + g = i + g$$ 式中，K_R 表示保留盈余成本率
		债务资金成本	（1）长期贷款成本。 $$K_g = \frac{I_t(1-T)}{G-F} = i_g \cdot \frac{1-T}{1-f}$$ 式中，K_g 表示借款成本率；G 表示贷款总额；T 表示公司所得税税率；I_t 表示贷款年利息；i_g 表示贷款年利率；F 表示贷款费用；f 表示筹资费费率（即筹资费占筹资资金总额的比率）。 （2）债券成本。 $$K_B = \frac{I_t(1-T)}{B(1-f)} = i_b \cdot \frac{1-T}{1-f}$$ 式中，K_B 表示债券成本率；B 表示债券筹资额；I_t 表示债券年利息；i_b 表示债券年利息利率；T 表示公司所得税税率；f 表示筹资费费率（即筹资费占筹资资金总额的比率）
		加权平均资金成本	$$K_w = \sum_{i=1}^{n} W_i \cdot K_i$$ 式中，K_w 表示加权平均资金成本；W_i 表示各种资本占全部资本的比重；K_i 表示第 i 类资金成本

4. 资本结构见表 5-4。

表 5-4　资本结构

项目	内　　容
项目资本金与债务资金比例	项目资本金比例越高，贷款的风险越低，贷款的利率可以越低，权益资金过大，风险可能会过于集中，财务杠杆作用下滑。 　　项目资本金占的比重太少，会导致负债融资的难度提升和融资成本的提高
资本结构的比选方法	可运用融资的每股收益分析方法分析资本结构、销售水平和每股收益的关系。 　　根据每股收益无差别点，可以分析判断不同销售水平下适用的资本结构。每股收益 EPS 的计算式如下： $$EPS = \frac{(S - VC - F - I)(1 - T) - D_\mathrm{p}}{N} = \frac{(EBIT - I)(1 - T) - D_\mathrm{p}}{N}$$ 式中，S 表示销售额；VC 表示变动成本；F 表示固定成本；I 表示债务利息；N 表示流通在外的普通股股数；$EBIT$ 表示息税前盈余；D_p 表示优先股年股利

考点二　工程项目融资

1. 项目融资的特点和程序见表 5-5。

表 5-5　项目融资的特点和程序

项目	内　　容
特点	项目导向、有限追索、风险分担、非公司负债型融资、信用结构多样化、融资成本高、可以利用税务优势
程序	投资决策分析→融资决策分析→融资结构设计→融资谈判和融资执行

2. 项目融资的主要方式见表 5-6。

表 5-6　项目融资的主要方式

项目	内　　容
BOT 方式	通常所说的 BOT 主要包括典型 BOT、BOOT 及 BOO 三种基本形式。经典的 BOT 形式，项目公司没有项目的所有权，只有建设和经营权
TOT 方式	为政府需要建设大型项目而又资金不足时提供了解决的途径，开辟了新的渠道
ABS 方式	未来现金流量所代表的资产，是 ABS 融资方式的物质基础
PFI 方式	三种典型模式：经济上自立的项目、向公共部门出售服务的项目与合资经营项目
PPP 方式	政府与企业长期合作的关系方式的统称

考点三　与工程项目有关的税收及保险规定

1. 与工程项目有关的税收规定见表 5-7。

表 5-7　与工程项目有关的税收规定

项　目	内　容
增值税	在中华人民共和国境内销售服务、无形资产或者不动产的单位和个人，为增值税纳税人，应当按照营业税改征增值税试点实施办法缴纳增值税，不缴纳营业税
所得税	企业的下列收入为免税收入：国债利息收入；符合条件的居民企业之间的股息、红利等权益性投资收益；在中国境内设立机构、场所的非居民企业从居民企业取得与该机构、场所有实际联系的股息、红利等权益性投资收益；符合条件的非营利组织的收入。 　　在计算应纳税所得额时不得扣除的支出：向投资者支付的股息、红利等权益性投资收益款项；企业所得税税款；税收滞纳金；罚金、罚款和被没收财物的损失；允许扣除范围以外的捐赠支出；赞助支出；未经核定的准备金支出；与取得收入无关的其他支出
城市维护建设税与教育费附加	应纳税额计算公式为： 　　应纳税额 = 实际缴纳的增值税、消费税税额之和 × 适用税率
其他	针对其占有的财产和行为，还涉及房产税、城镇土地使用税、土地增值税、契税及进口关税等的征收

2. 与工程项目有关的保险规定见表 5-8。

表 5-8　与工程项目有关的保险规定

项　目	内　容
建筑工程一切险	物质损失的除外责任： 　1）设计错误引起的损失和费用； 　2）自然磨损、内在或潜在缺陷、物质本身变化、自燃、自热、氧化、锈蚀、渗漏、鼠咬、虫蛀、大气变化、正常水位变化或其他渐变原因造成的被保险财产自身的损失和费用； 　3）因原材料缺陷或工艺不善引起的被保险财产本身的损失以及为换置、修理或矫正这些缺点错误所支付的费用； 　4）非外力引起的机械或电气装置的本身损失，或施工用机具、设备、机械装置失灵造成的本身损失； 　5）维修保养或正常检修的费用； 　6）档案、文件、账簿、票据、现金、各种有价证券、图表资料及包装物料的损失； 　7）盘点时发现的短缺；

项目	内　容
建筑工程一切险	8）领有公共运输行驶执照的，或已由其他保险予以保障的车辆、船舶和飞机的损失； 9）除已将工地内现成的建筑物或其他财产列入保险范围，在被保险工程开始以前已经存在或形成的位于工地范围内或其周围的属于被保险人的财产的损失； 10）除非另有约定，在保险期限终止以前，被保险财产中已由工程所有人签发完工验收证书或验收合格或实际占有或使用或接收的部分
安装工程一切险	安装工程一切险是专门承保机器、设备或钢结构建筑物在安装、调试期间，由于保险责任范围内的风险造成的保险财产的物质损失和列明的费用的保险
工伤保险	建筑施工企业应当依法为职工参加工伤保险缴纳工伤保险费。职工个人不缴纳工伤保险费。工伤保险基金存入社会保障基金财政专户
建筑意外伤害保险	根据《建筑法》的规定，鼓励企业为从事危险作业的职工办理意外伤害保险，支付保险费。 意外伤害保险费率实行差别费率和浮动费率

第六章　工程建设全过程造价管理

考点一　决策阶段造价管理

1. 工程项目策划见表6-1。

表6-1　工程项目策划

项目		内　容
工程项目策划	构思策划	工程项目的定义、工程项目的定位、工程项目的系统构成、与工程项目实施及运行有关的重要环节策划，均可列入工程项目构思策划的范畴
	实施策划	工程项目组织策划、工程项目融资策划、工程项目目标策划、工程项目实施过程策划
多方案比选		工程项目多方案比选主要包括：工艺方案比选、规模方案比选、选址方案比选，甚至包括污染防治措施方案比选等。均包括技术方案比选和经济效益比选

2. 工程项目经济评价见表6-2。

表6-2　工程项目经济评价

项目	内　容
评价内容	工程项目经济评价包括财务分析和经济分析
基本原则	（1）"有无对比"原则。 （2）效益与费用计算口径对应一致的原则。 （3）收益与风险权衡的原则。 （4）定量分析与定性分析相结合，以定量分析为主的原则。 （5）动态分析与静态分析相结合，以动态分析为主的原则

3. 工程项目经济评价报表的编制见表6-3。

表6-3　工程项目经济评价报表的编制

项目		内　容
投资方案现金流量表	内容	投资现金流量表、资本金现金流量表、投资各方现金流量表和财务计划现金流量表
	构成要素	构成投资方案现金流量的基本要素有投资、经营成本、营业收入和税金等。 经营成本 = 总成本费用 − 折旧费 − 摊销费 − 利息支出 　　　　　= 外购原材料、燃料及动力费 + 工资及福利费 + 修理费 + 其他费用
经济分析主要报表		项目投资经济费用效益流量表、经济费用效益分析投资费用估算调整表和经济费用效益分析经营费用估算调整表

考点二 设计阶段造价管理

设计阶段造价管理见表 6-4。

表 6-4 设计阶段造价管理

项目		内 容
限额设计		限额设计的实施是动态反馈和管理过程。 四个阶段为：目标制定、目标分解、目标推进和成果评价
设计方案的 评价与优化		设计方案的评价方法主要有多指标法、单指标法以及多因素评分法。单指标法包括综合费用法、全寿命期费用法、价值工程法。 设计优化应综合考虑工程质量、造价、工期、安全和环保五大目标，基于全要素造价管理进行优化
概预算 文件的 审查	设计概算 主要内容 的审查	（1）是否符合法律、法规及相关规定。 （2）项目的建设规模和建设标准、配套工程是否符合批准的可行性研究报告或立项批文。对总概算投资超过批准投资估算 10% 以上的，应进行技术经济论证，需重新上报进行审批。 （3）编制方法、计价依据和程序是否符合相关规定。 （4）工程量是否准确。 （5）主要材料用量的正确性和材料价格是否符合工程所在地的价格水平，材料价差调整是否符合相关规定等。 （6）设备规格、数量、配置是否符合设计要求，设备原价和运杂费是否正确；非标准设备原价的计价方法是否符合规定；进口设备的各项费用的组成及其计算程序、方法是否符合规定。 （7）各项费用的计取程序和取费标准是否符合国家或地方有关部门的规定。 （8）总概算文件的组成内容是否完整地包括了工程项目从筹建至竣工投产的全部费用组成。 （9）综合概算、总概算的编制内容、方法是否符合国家相关规定和设计文件的要求。 （10）工程建设其他费用中的费率和计取标准是否符合国家、行业有关规定。 （11）概算项目是否符合国家对于环境治理的要求和相关规定。 （12）技术经济指标的计算方法和程序是否正确
	施工图 预算的 审查	重点应审查：工程量的计算；定额的使用；设备材料及人工、机械价格的确定；相关费用的选取和确定

考点三 发承包阶段造价管理

1. 施工招标策划见表 6-5。

表 6-5 施工招标策划

项目	内 容
施工标段划分	划分施工标段时，应考虑的因素包括：工程特点、对工程造价的影响、承包单位专长的发挥、工地管理等
合同计价方式	总价方式、单价方式和成本加酬金方式（百分比酬金、固定酬金、浮动酬金和目标成本加奖罚）
合同类型的选择	建设单位选择适合的合同类型应综合考虑的因素有：工程项目的复杂程度、工程项目的设计深度、施工技术的先进程度、施工工期的紧迫程度

2. 国内工程施工合同示范文本见表 6-6。

表 6-6 国内工程施工合同示范文本

项目		内 容
《标准施工招标文件》中的有关工程价款的条款	合同价格和费用	签约合同价、合同价格、费用
	涉及费用的主要条款	化石、文物，专利技术，不利物质条件，材料和工程设备，施工设备和临时设施，交通运输，测量放线，施工安全责任，工期延误，暂停施工，工程质量，材料、工程设备和工程的试验和检验
	竣工验收	竣工验收申请报告、竣工验收过程
	缺陷责任与保修责任	缺陷责任、缺陷责任期的延长、保修责任
	不可抗力	不可抗力的通知、不可抗力后果及其处理
	争议解决	争议解决方式、争议评审
《标准设计施工总承包招标文件》中的有关工程价款的条款	合同价格和费用	价格清单、计日工、质量保证金
	涉及费用的主要条款	材料和工程设备，施工设备和临时设施，测量放线，开始工作和竣工，暂停工作，工程质量，预付款，工程进度付款，竣工结算，最终结清

3. 施工投标报价策略见表 6-7。

表 6-7 施工投标报价策略

项目		内 容
基本策略	可选择报高价的情形	投标单位遇下列情形时，其报价可高一些：施工条件差的工程（如条件艰苦、场地狭小或地处交通要道等）；专业要求高的技术密集型工程且投标单位在这方面有专长，声望也较高；总价低的小工程，以及投标单位不愿做而被邀请投标，又不便不投标的工程；特殊工程，如港口码头、地下开挖工程等；投标对手少的工程；工期要求紧的工程；支付条件不理想的工程
	可选择报低价的情形	投标单位遇下列情形时，其报价可低一些：施工条件好的工程，工作简单、工程量大而其他投标人都可以做的工程；投标单位急于打入某一市场、某一地区，或虽已在某一地区经营多年，但即将面临没有工程的情况，机械设备无工地转移时；附近有工程而本项目可利用该工程的设备、劳务或有条件短期内突击完成的工程；投标对手多，竞争激烈的工程；非急需工程；支付条件好的工程
报价技巧		常用的报价技巧有不平衡报价法、多方案报价法、无利润竞标法和突然降价法等。此外，对于计日工、暂定金额、可供选择的项目等也有相应的报价技巧

考点四 施工阶段造价管理

1. 资金使用计划的编制见表 6-8。

表 6-8 资金使用计划的编制

项目	内 容
按工程造价构成编制资金使用计划	（1）建筑安装工程费使用计划。 （2）设备工器具费使用计划。 （3）工程建设其他费使用计划
按工程项目组成编制资金使用计划	（1）按工程项目构成恰当分解资金使用计划总额。建筑安装工程费用中的人工费、材料费、施工机械使用费等直接费，可直接分解到各工程分项。而企业管理费、利润、税金则不宜直接进行分解。 （2）编制各工程分项的资金支出计划。 （3）编制详细的资金使用计划表
按工程进度编制资金使用计划	（1）编制工程施工进度计划。 （2）计算单位时间的资金支出目标。 （3）计算规定时间内的累计资金支出额。 （4）绘制资金使用时间进度计划的 S 曲线

2. 施工成本管理方法见表6-9。

表 6-9 施工成本管理方法

项目	内 容
成本预测	工程项目成本预测是工程项目成本计划的依据
成本计划	成本计划的编制方法：目标利润法、技术进步法、按实计算法、定率估算法
成本控制	成本控制的方法：成本分析表法、工期－成本同步分析法、挣值分析法、价值工程方法
成本核算	工程项目成本核算是施工承包单位成本管理最基础的工作，成本核算所提供的各种信息，是成本预测、成本计划、成本控制和成本考核等的依据。 成本核算的方法：表格核算法、会计核算法
成本分析	成本分析的基本方法：比较法、因素分析法、差额计算法、比率法等。 综合成本的分析方法：分部分项工程成本分析、月（季）度成本分析、年度成本分析、竣工成本的综合分析
成本考核	成本考核是实现成本目标责任制的保证和手段

3. 固定资产折旧见表6-10。

表 6-10 固定资产折旧

项目		内 容
折旧时间		固定资产折旧从固定资产投入使用月份的次月起，按月计提。停止使用的固定资产，从停用月份的次月起，停止计提折旧
折旧方法	平均年限法	$年折旧率 = \dfrac{1-预计净残值率}{折旧年限} \times 100\%$ 年折旧额 = 固定资产原值 × 年折旧率
	工作量法	（1）按照行驶里程计算折旧额时： $单位里程折旧额 = \dfrac{原值 \times (1-预计净残值率)}{规定的总行驶里程}$ 年折旧额 = 年实际行驶里程 × 单位里程折旧额 （2）按照台班计算折旧额时： $每台班折旧额 = \dfrac{原值 \times (1-预计净残值率)}{规定的总工作台班}$ 年折旧额 = 年实际工作台班 × 每台班折旧额
	双倍余额递减法	$年折旧率 = \dfrac{2}{折旧年限} \times 100\%$ 年折旧额 = 固定资产账面净值 × 年折旧率
	年数总和法	$年折旧率 = \dfrac{折旧年限 - 已使用年数}{折旧年限 \times (折旧年限+1) \div 2} \times 100\%$ 年折旧额 = （固定资产原值 - 预计净产值）× 年折旧率

4. 工程费用的动态监控见表 6-11。

表 6-11 工程费用的动态监控

项目		内　容
偏差表示方法	费用偏差（CV）	费用偏差（CV）= 已完工程计划费用（$BCWP$）- 已完工程实际费用（$ACWP$） 其中：已完工程计划费用（$BCWP$）= $\sum$ 已完工程量（实际工程量）× 计划单价 已完工程实际费用（$ACWP$）= $\sum$ 已完工程量（实际工程量）× 实际单价 当 $CV>0$ 时，说明工程费用节约；当 $CV<0$ 时，说明工程费用超支
	进度偏差（SV）	进度偏差（SV）= 已完工程计划费用（$BCWP$）- 拟完工程计划费用（$BCWS$） 其中：拟完工程计划费用（$BCWS$）= $\sum$ 拟完工程量（计划工程量）× 计划单价 当 $SV>0$ 时，说明工程进度超前；当 $SV<0$ 时，说明工程进度拖后
绩效指数	费用绩效指数（CPI）	费用绩效指数（CPI）= 已完工程计划费用（$BCWP$）/ 已完工程实际费用（$ACWP$）
	进度绩效指数（SPI）	进度绩效指数（SPI）= 已完工程计划费用（$BCWP$）/ 拟完工程计划费用（$BCWS$）
偏差分析方法		横道图法、时标网络图法、表格法和曲线法

考点五　竣工阶段造价管理

1. 工程结算及其审查见表 6-12。

表 6-12 工程结算及其审查

项目	内　容
结算方式	工程竣工结算分为单位工程竣工结算、单项工程竣工结算和工程项目竣工总结算
编审	单位工程竣工结算由施工承包单位编制，建设单位审查；实行总承包的工程，由具体承包单位编制，在总承包单位审查的基础上，建设单位审查
审查	（1）施工承包单位的内部审查。 （2）建设单位的审查

2. 工程质量保证金的预留与返还见表 6-13。

表 6-13 工程质量保证金的预留与返还

项目	内　容
预留	保证金总预留比例不得高于工程价款结算总额的 3%
返还	缺陷责任期满后返还

第三部分 历年真题及详解

2017年全国造价工程师执业资格考试试卷

一、单项选择题（共60题，每题1分。每题的备选项中，只有1个最符合题意）

1. 建设项目的总造价是指项目总投资中的（　　　）。
A. 固定资产与流动资产投资之和
B. 建筑安装工程投资
C. 建筑安装工程费与设备费之和
D. 固定资产投资总额

2. 政府部门、行业协会、建设单位、施工单位以及咨询机构通过协调工作，共同完成工程造价控制任务，属于建设工程全面造价管理中的（　　　）。
A. 全过程造价管理　　　　　　　B. 全方位造价管理
C. 全寿命期造价管理　　　　　　D. 全要素造价管理

3. 根据《注册造价工程师管理办法》，以欺骗手段取得造价工程师注册被撤销的，（　　　）年内不得再次申请注册。
A. 1　　　　　　　　　　　　　B. 2
C. 3　　　　　　　　　　　　　D. 4

4. 根据《工程造价咨询企业管理办法》，工程造价咨询企业应办理而未及时办理资质证书变更手续的，由资质许可机关责令限期办理，逾期不办理的，可处以（　　　）以下的罚款。
A. 5 000元　　　　　　　　　　B. 1万元
C. 2万元　　　　　　　　　　　D. 3万元

5. 美国建造师学会（AIA）的合同条件体系分为A、B、C、D、E、F系列，用于财务管理表格的是（　　　）。
A. C系列　　　　　　　　　　　B. D系列
C. F系列　　　　　　　　　　　D. G系列

6. 根据《建筑法》，在建的建筑工程因故中止施工的，建设单位应当自中止施工之日起（　　　）个月内，向发证机关报告。
A. 1　　　　　　　　　　　　　B. 2
C. 3　　　　　　　　　　　　　D. 6

7. 根据《建设工程质量管理条例》，建设工程的保修期自（　　　）之日起计算。
A. 工程交付使用　　　　　　　　B. 竣工审计通过
C. 工程价款结清　　　　　　　　D. 竣工验收合格

8. 根据《招标投标法》，对于依法必须进行招标的项目，自招标文件开始发出之日起至投标人提交投标文件截止之日止，最短不得少于（　　）日。

A. 10　　　　　　　　　　　　B. 20

C. 30　　　　　　　　　　　　D. 60

9. 根据《招标投标法实施条例》，招标文件要求中标人提交履约保证金的，履约保证金不得超过中标合同金额的（　　）。

A. 2%　　　　　　　　　　　　B. 5%

C. 10%　　　　　　　　　　　D. 20%

10. 根据《合同法》，关于要约和承诺的说法，正确的是（　　）。

A. 撤回要约的通知应当在要约到达受要约人之后到达受要约人

B. 承诺的内容应当与要约的内容一致

C. 要约邀请是合同成立的必经过程

D. 撤回承诺的通知应当在要约确定的承诺期限内到达要约人

11. 根据《合同法》，执行政府定价或政府指导价的合同时，对于逾期交付标的物的处置方式是（　　）。

A. 遇价格上涨时，按照原价格执行；价格下降时，按照新价格执行

B. 遇价格上涨时，按照新价格执行；价格下降时，按照原价格执行

C. 无论价格上涨或下降，均按照新价格执行

D. 无论价格上涨或下降，均按照原价格执行

12. 根据《国务院关于投资体制改革的决定》，对于采用直接投资和资本金注入方式的政府投资项目，除特殊情况外，政府主管部门不再审批（　　）。

A. 项目建议书　　　　　　　　B. 项目初步设计

C. 项目开工报告　　　　　　　D. 项目可行性研究报告

13. 为了实现工程造价的模拟计算和动态控制，可应用建筑信息建模（BIM）技术，在包含进度数据的建筑模型上加载费用数据而形成（　　）模型。

A. 6D　　　　　　　　　　　　B. 5D

C. 4D　　　　　　　　　　　　D. 3D

14. 建设工程采用平行承包模式的特点是（　　）。

A. 有利于缩短建设工期　　　　B. 不利于控制工程质量

C. 业主组织管理简单　　　　　D. 工程造价控制难度小

15. 直线职能制组织结构的特点是（　　）。

A. 信息传递路径较短　　　　　B. 容易形成多头领导

C. 各职能部门间横向联系强　　D. 各职能部门职责清楚

16. 下列计划表中，属于建设单位计划体系中工程项目建设总进度计划的是（　　）。

A. 年度计划项目表　　　　　　B. 年度建设资金平衡表

C. 投资计划年度分配表　　　　D. 年度设备平衡表

17. 编制单位工程施工进度计划时，确定工作项目持续时间需要考虑每班工人数量，限定每班工人数量上限的因素是（　　）。

A. 工作项目工程量　　　　　　B. 最小劳动组合

　　C. 人工产量定额　　　　　　　　D. 最小工作面

18. 应用直方图法分析工程质量状况时，直方图出现折齿型分布的原因是（　　）。

　　A. 数据分组不当或组距确定不当　　B. 少量材料不合格

　　C. 短时间内工人操作不熟练　　　　D. 数据分类不当

19. 下列流水施工参数中，属于时间参数的是（　　）。

　　A. 施工过程和流水步距　　　　　　B. 流水步距和流水节拍

　　C. 施工段和流水强度　　　　　　　D. 流水强度和工作面

20. 某工程有 3 个施工过程，分为 4 个施工段组织流水施工。流水节拍分别为：2、3、4、3 天；4、2、3、5 天；3、2、2、4 天，则流水施工工期为（　　）天。

　　A. 17　　　　　　　　　　　　　　B. 19

　　C. 20　　　　　　　　　　　　　　D. 21

21. 某工程双代号网络图如下图所示，存在的绘图错误是（　　）。

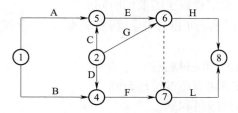

　　A. 多个起点节点　　　　　　　　　B. 多个终点节点

　　C. 节点编号有误　　　　　　　　　D. 存在循环回路

22. 某工程网络计划中，工作 D 有两项紧后工作，最早开始时间分别为 17 和 20，工作 D 的最早开始时间为 12，持续时间为 3，则工作 D 的自由时差为（　　）。

　　A. 5　　　　　　　　　　　　　　　B. 4

　　C. 3　　　　　　　　　　　　　　　D. 2

23. 工程网络计划资源优化的目的是通过改变（　　），使资源按照时间的分布符合优化目标。

　　A. 工作间逻辑关系　　　　　　　　B. 工作的持续时间

　　C. 工作的开始时间和完成时间　　　D. 工作的资源强度

24. 在资金时间价值的作用下，下列现金流量图（单位：万元）中，有可能与现金流入现值 1 200 万元等值的是（　　）。

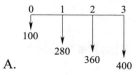

A.

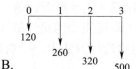

B.

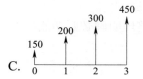

C.

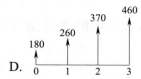

D.

25. 某企业前3年每年初借款1 000万元，按年复利计息，年利率为8%，第5年末还款3 000万元，剩余本息在第8年末全部还清，则第8年末需还本付息（　　）万元。

A. 981.49　　　　　　　　　　　　B. 990.89

C. 1 270.83　　　　　　　　　　　D. 1 372.49

26. 某项借款，年名义利率为10%，计息周期为月时，则年有效利率是（　　）。

A. 8.33%　　　　　　　　　　　　B. 10.38%

C. 10.47%　　　　　　　　　　　 D. 10.52%

27. 利用投资回收期指标评价投资方案经济效果的不足是（　　）。

A. 不能全面反映资本的周转速度

B. 不能全面考虑投资方案整个计算期内的现金流量

C. 不能反映投资回收之前的经济效果

D. 不能反映回收全部投资所需要的时间

28. 投资方案经济效果评价指标中，利息备付率是指投资方案在借款偿还期内（　　）的比值。

A. 息税前利润与当期应付利息

B. 息税前利润与当期应还本付息金额

C. 税前利润与当期应付利息

D. 税前利润与当期应还本付息金额

29. 下列投资方案经济效果评价指标中，能够直接衡量项目未回收投资的收益率的指标是（　　）。

A. 投资收益率　　　　　　　　　 B. 净现值率

C. 投资回收期　　　　　　　　　 D. 内部收益率

30. 对于效益基本相同、但效益难以用货币直接计量的互斥投资方案，在进行比选时常用（　　）替代净现值。

A. 增量投资　　　　　　　　　　 B. 费用现值

C. 年折算费用　　　　　　　　　 D. 净现值率

31. 关于投资方案不确定性分析与风险分析的说法，正确的是（　　）。

A. 敏感性分析只适用于财务评价

B. 风险分析只适用于国民经济评价

C. 盈亏平衡分析只适用于财务评价

D. 盈亏平衡分析只适用于国民经济评价

32. 下列价值工程对象选择方法中，以功能重要程度作为选择标准的是（　　）。

A. 因素分析法　　　　　　　　　 B. 强制确定法

C. 重点选择法　　　　　　　　　 D. 百分比分析法

33. 按照价值工程活动的工作程序，通过功能分析与整理明确必要功能后的下一步工作是（　　）。

A. 功能评价　　　　　　　　　　 B. 功能定义

C. 方案评价　　　　　　　　　　 D. 方案创造

34. 价值工程活动中，方案评价阶段的工作顺序是（　　）。

　　A. 综合评价→经济评价和社会评价→技术评价

　　B. 综合评价→技术评价和经济评价→社会评价

　　C. 技术评价→经济评价和社会评价→综合评价

　　D. 经济评价→技术评价和社会评价→综合评价

35. 工程寿命周期成本分析评价中，可用来估算费用的方法是（　　）。

　　A. 构成比率法　　　　　　　　B. 因素分析法

　　C. 挣值分析法　　　　　　　　D. 参数估算法

36. 根据《国务院关于调整和完善固定资产投资项目资本金制度的通知》，对于保障性住房和普通商品住房项目，项目资本金占项目总投资的最低比例是（　　）。

　　A. 20%　　　　　　　　　　　B. 25%

　　C. 30%　　　　　　　　　　　D. 35%

37. 根据《外商投资产业指导目录》，必须由中方控股的项目是（　　）。

　　A. 综合影剧院项目　　　　　　B. 综合水利枢纽项目

　　C. 超大型公共建筑项目　　　　D. 农业深加工项目

38. 与发行债券相比，发行优先股的特点是（　　）。

　　A. 融资成本较高　　　　　　　B. 股东拥有公司控制权

　　C. 股息不固定　　　　　　　　D. 股利可在税前扣除

39. 项目公司为了扩大项目规模，往往需要追加筹集资金，用来比较选择追加筹资方案的重要依据是（　　）。

　　A. 个别资金成本　　　　　　　B. 综合资金成本

　　C. 组合资金成本　　　　　　　D. 边际资金成本

40. 某公司为新建项目发行总面额为 2 000 万元的 10 年期债券，票面利率为 12%，发行费用率为 6%，发行价格为 2 300 万元，公司所得税税率为 25%，则发行债券的成本率为（　　）。

　　A. 7.83%　　　　　　　　　　B. 8.33%

　　C. 9.57%　　　　　　　　　　D. 11.10%

41. 为新建项目筹集债务资金时，对利率结构起决定性作用的因素是（　　）。

　　A. 进入市场的利率走向　　　　B. 借款人对于融资风险的态度

　　C. 项目现金流量的特征　　　　D. 资金筹集难易程度

42. 下列项目融资工作中，属于融资决策分析阶段的是（　　）。

　　A. 评价项目风险因素　　　　　B. 进行项目可行性研究

　　C. 分析项目融资结构　　　　　D. 选择项目融资方式

43. 下列项目融资方式中，通过已建成项目为其他新项目进行融资的是（　　）。

　　A. TOT　　　　　　　　　　　B. BT

　　C. BOT　　　　　　　　　　　D. PFI

44. PFI 融资方式与 BOT 融资方式的相同点是（　　）。

　　A. 适用领域　　　　　　　　　B. 融资本质

　　C. 承担风险　　　　　　　　　D. 合同类型

45. 为确保政府财政承受能力，每一年度全部 PPP 项目需要从预算中安排的支出，占一般公共预算支出的比例应当不超过（　　）。

A. 20%　　　　　　　　　　　B. 15%

C. 10%　　　　　　　　　　　D. 5%

46. 企业所得税应实行 25% 的比例税率。但对于符合条件的小型微利企业，减按（　　）的税率征收企业所得税。

A. 5%　　　　　　　　　　　　B. 10%

C. 15%　　　　　　　　　　　D. 20%

47. 我国城镇土地使用税采用的税率是（　　）。

A. 定额税率　　　　　　　　　B. 超率累进税率

C. 幅度税率　　　　　　　　　D. 差别比例税率

48. 根据《关于工伤保险费率问题的通知》，建筑业用人单位缴纳工伤保险费最高可上浮到本行业基准费率的（　　）。

A. 120%　　　　　　　　　　　B. 150%

C. 180%　　　　　　　　　　　D. 200%

49. 工程项目经济评价包括财务分析和经济分析，其中财务分析采用的标准和参数是（　　）。

A. 市场利率和净收益　　　　　B. 社会折现率和净收益

C. 市场利率和净利润　　　　　D. 社会折现率和净利润

50. 对有营业收入的非经营性项目进行财务分析时，应以营业收入抵补下列支出：①生产经营耗费；②偿还借款利息；③缴纳流转税；④计提折旧和偿还借款本金。正确的收入补偿费用顺序是（　　）。

A. ①②③④　　　　　　　　　B. ①③②④

C. ③①②④　　　　　　　　　D. ①③④②

51. 施工图预算审查方法中，审查速度快但审查精度较差的是（　　）。

A. 标准预算审查法　　　　　　B. 对比审查法

C. 分组计算审查法　　　　　　D. 全面审查法

52. 下列不同计价方式的合同中，建设单位最难控制工程造价的是（　　）。

A. 成本加百分比酬金合同　　　B. 单价合同

C. 目标成本加奖罚合同　　　　D. 总价合同

53. 关于《标准施工招标文件》中通用合同条款的说法，正确的是（　　）。

A. 通用合同条款适用于设计和施工同属于一个承包商的施工招标

B. 通用合同条款同时适用于单价合同和总价合同

C. 通用合同条款只适用于单价合同

D. 通用合同条款只适用于总价合同

54. 根据《标准施工招标文件》，合同双方发生争议采用争议评审的，除专用合同条款另有约定外，争议评审组应在（　　）内做出书面评审意见。

A. 收到争议评审申请报告后 28 天

B. 收到被申请人答辩报告后 28 天

C. 争议调查会结束后 14 天

D. 收到合同双方报告后 14 天

55. 根据《建设项目工程总承包合同（示范文本）》，发包人应在收到承包人按约定提交的最终竣工结算资料的（　　）天内，结清竣工结算款项。

A. 14　　　　　　　　　　　B. 15

C. 28　　　　　　　　　　　D. 30

56. 根据 FIDIC《土木工程施工合同条件》，给指定分包商的付款应从（　　）中开支。

A. 暂定金额　　　　　　　　B. 暂估价

C. 分包管理费　　　　　　　D. 应分摊费用

57. 某固定资产原价为 10 000 元，预计净残值为 1 000 元，预计使用年限为 4 年，采用年数总和法进行折旧，则第 4 年的折旧额为（　　）元。

A. 2 250　　　　　　　　　　B. 1 800

C. 1 500　　　　　　　　　　D. 900

58. 下列施工成本考核指标中，属于施工企业对项目成本考核的是（　　）。

A. 项目施工成本降低率

B. 目标总成本降低率

C. 施工责任目标成本实际降低率

D. 施工计划成本实际降低率

59. 某工程施工至 2016 年 12 月底，已完工程计划费用为 2 000 万元，拟完工程计划费用为 2 500 万元，已完工程实际费用为 1 800 万元，则此时该工程的费用绩效指数 *CPI* 为（　　）。

A. 0.8　　　　　　　　　　　B. 0.9

C. 1.11　　　　　　　　　　D. 1.25

60. 下列偏差分析方法中，既可分析费用偏差，又可分析进度偏差的是（　　）。

A. 时标网络图法和曲线法　　B. 曲线法和控制图法

C. 排列图法和时标网络图法　D. 控制图法和表格法

二、多项选择题（共 20 题，每题 2 分。每题的备选项中，有 2 个或 2 个以上符合题意，至少有 1 个错项。错选，本题不得分；少选，所选的每个选项得 0.5 分）

61. 为有效控制工程造价，应将工程造价管理的重点放在（　　）阶段。

A. 施工招标　　　　　　　　B. 施工

C. 策划决策　　　　　　　　D. 设计

E. 竣工验收

62. 根据《工程造价咨询企业管理办法》，甲级工程造价咨询企业的资质标准有（　　）。

A. 技术负责人从事工程造价专业工作 15 年以上

B. 注册造价工程师不少于 10 人

C. 企业注册资本不少于 200 万元

D. 专职从事工程造价专业工作的人员不少于 12 人

E. 注册造价工程师人数不低于出资人总数的 60%

63. 根据《建设工程安全生产管理条例》，对于列入建设工程概算的安全作业环境及安全施工措施所需费用，应当用于（　　）。

A. 专项施工方案安全验算论证

B. 施工安全防护用具的采购

C. 安全施工措施的落实

D. 安全生产条件的改善

E. 施工安全防护设施的更新

64. 根据《招标投标法实施条例》，关于投标保证金的说法，正确的有（　　）。

A. 投标保证金有效期应当与投标有效期一致

B. 投标保证金不得超过招标项目估算价的 2%

C. 采用两阶段招标的，投标人应当在第一阶段提交投标保证金

D. 招标人不得挪用投标保证金

E. 招标人最迟应当在签订书面合同时退还投标保证金

65. 根据《合同法》，可变更或可撤销合同是指（　　）的合同。

A. 恶意串通损害国家利益　　　　B. 恶意串通损害集体利益

C. 因重大误解订立　　　　　　　D. 因重大过失造成对方财产损失

E. 订立合同时显失公平

66. 根据《建筑工程施工质量验收统一标准》，下列工程中，属于分部工程的有（　　）。

A. 砌体结构工程　　　　　　　　B. 智能建筑工程

C. 建筑节能工程　　　　　　　　D. 土方回填工程

E. 装饰装修工程

67. 建设工程组织加快的成倍节拍流水施工的特点有（　　）。

A. 同一施工过程在各施工段上的流水节拍成倍数关系

B. 相邻施工过程的流水步距相等

C. 专业工作队数等于施工过程数

D. 各专业工作队在施工段上可连续工作

E. 施工段之间可能有空闲时间

68. 在工程网络计划中，关键工作是指（　　）的工作。

A. 最迟完成时间与最早完成时间之差最小

B. 自由时差为零

C. 总时差最小

D. 持续时间最长

E. 时标网络计划中没有波形线

69. 某工程双代号时标网络计划如下图所示，第 8 周末进行实际进度检查的结果如图中实际进度前锋线所示，则正确的结论有（　　）。

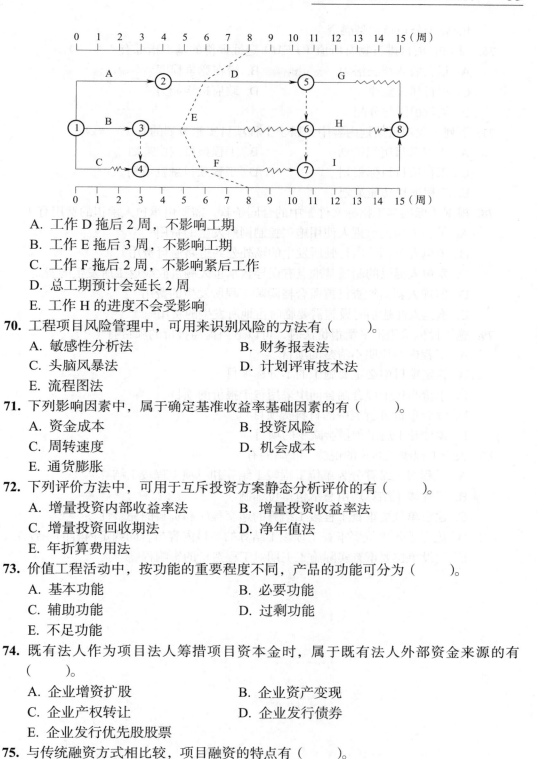

A. 工作 D 拖后 2 周，不影响工期

B. 工作 E 拖后 3 周，不影响工期

C. 工作 F 拖后 2 周，不影响紧后工作

D. 总工期预计会延长 2 周

E. 工作 H 的进度不会受影响

70. 工程项目风险管理中，可用来识别风险的方法有（　　　）。

A. 敏感性分析法　　　　　　　　B. 财务报表法

C. 头脑风暴法　　　　　　　　　D. 计划评审技术法

E. 流程图法

71. 下列影响因素中，属于确定基准收益率基础因素的有（　　　）。

A. 资金成本　　　　　　　　　　B. 投资风险

C. 周转速度　　　　　　　　　　D. 机会成本

E. 通货膨胀

72. 下列评价方法中，可用于互斥投资方案静态分析评价的有（　　　）。

A. 增量投资内部收益率法　　　　B. 增量投资收益率法

C. 增量投资回收期法　　　　　　D. 净年值法

E. 年折算费用法

73. 价值工程活动中，按功能的重要程度不同，产品的功能可分为（　　　）。

A. 基本功能　　　　　　　　　　B. 必要功能

C. 辅助功能　　　　　　　　　　D. 过剩功能

E. 不足功能

74. 既有法人作为项目法人筹措项目资本金时，属于既有法人外部资金来源的有
（　　　）。

A. 企业增资扩股　　　　　　　　B. 企业资产变现

C. 企业产权转让　　　　　　　　D. 企业发行债券

E. 企业发行优先股股票

75. 与传统融资方式相比较，项目融资的特点有（　　　）。

A. 信用结构多样化　　　　　　　B. 融资成本较高

C. 可以利用税务优势　　　　　　D. 风险种类少

E. 属于公司负债型融资

76. 对 PPP 项目进行物有所值（*VFM*）定性评价的基本指标有（ ）。

A. 运营收入增长潜力   B. 潜在竞争程度

C. 项目建设规模   D. 政府机构能力

E. 风险识别与分配

77. 下列工程项目策划内容中，属于工程项目实施策划的有（ ）。

A. 工程项目组织策划   B. 工程项目定位策划

C. 工程项目目标策划   D. 工程项目融资策划

E. 工程项目功能策划

78. 根据《标准施工招标文件》中的合同条款，需要由承包人承担的费用有（ ）。

A. 承包人协助监理人使用施工控制网所发生的费用

B. 承包人车辆外出行驶所发生的场外公共道路通行费用

C. 发包人提供的测量基准点有误导致承包人测量放线返工所发生的费用

D. 监理人剥离检查已覆盖合格隐蔽工程所发生的费用

E. 承包人修建临时设施需要临时占地所发生的费用

79. 施工投标采用不平衡报价法时，可以适当提高报价的项目有（ ）。

A. 工程内容说明不清楚的项目

B. 暂定项目中必定要施工的不分标项目

C. 单价与包干混合制合同中采用包干报价的项目

D. 综合单价分析表中的材料费项目

E. 预计开工后工程量会减少的项目

80. 关于工程竣工结算的说法，正确的有（ ）。

A. 工程竣工结算分为单位工程竣工结算和单项工程竣工结算

B. 工程竣工结算均由总承包单位编制

C. 建设单位要审查工程竣工结算的递交程序和资料的完整性

D. 施工承包单位要审查工程竣工结算的项目内容与合同约定内容的一致性

E. 建设单位要审查实际施工工期对工程造价的影响程度

2017 年全国造价工程师执业资格考试试卷
参考答案及详解

一、单项选择题

1. D	2. B	3. C	4. B	5. C
6. A	7. D	8. B	9. C	10. B
11. A	12. C	13. B	14. A	15. D
16. C	17. D	18. A	19. B	20. D
21. A	22. D	23. C	24. C	25. D
26. C	27. B	28. C	29. C	30. C
31. C	32. B	33. A	34. C	35. D
36. A	37. B	38. A	39. D	40. D
41. C	42. D	43. A	44. B	45. C
46. D	47. A	48. B	49. C	50. B
51. C	52. A	53. B	54. C	55. D
56. A	57. D	58. A	59. C	60. A

【解析】

1. 本题的考点为建设项目总造价的概念。建设项目的总造价是指项目总投资中的固定资产投资总额。

2. 本题的考点为全方位造价管理。建设工程造价管理不仅仅是建设单位或承包单位的任务，而应该是政府建设主管部门、行业协会、建设单位、设计单位、施工单位以及有关咨询机构的共同任务。

3. 本题的考点为对注册违规的处罚。以欺骗、贿赂等不正当手段取得造价工程师注册的，由注册机关撤销其注册，3 年内不得再次申请注册，并由县级以上地方人民政府建设主管部门处以罚款。

4. 本题的考点为经营违规的责任。工程造价咨询企业不及时办理资质证书变更手续的，由资质许可机关责令限期办理；逾期不办理的，可处以 1 万元以下的罚款。

5. 本题的考点为美国建筑师学会（AIA）的合同条件体系。美国建筑师学会（AIA）的合同条件体系更为庞大，分为 A、B、C、D、F、G 系列。其中，A 系列是关于发包人与承包人之间的合同文件；B 系列是关于发包人与提供专业服务的建筑师之间的合同文件；C 系列是关于建筑师与提供专业服务的顾问之间的合同文件；D 系列是建筑师行业所用的文件；F 系列是财务管理表格；G 系列是合同和办公管理表格。AIA 系列合同条件的核心是"通用条件"。

6. 本题的考点为中止施工的相关规定。在建的建筑工程因故中止施工的，建设单位应当自中止施工之日起 1 个月内，向发证机关报告，并按照规定做好建设工程的维护管理工作。

7. 本题的考点为建设工程的保修期。建设工程的保修期，自竣工验收合格之日起计算。

8. 本题的考点为招标文件发售的时限。根据《招标投标法》的规定，对于依法必须进行招标的项目，自招标文件开始发出之日起至投标人提交投标文件截止之日止，最短不得少于 20 日。

9. 本题的考点为履约保证金的数额。招标文件要求中标人提交履约保证金的，中标人应当按照招标文件的要求提交。履约保证金不得超过中标合同金额的 10%。

10. 本题的考点为要约和承诺。要约可以撤回，撤回要约的通知应当在要约到达受要约人之前或者与要约同时到达受要约人，故选项 A 错误。承诺的内容应当与要约的内容一致，故选项 B 正确。要约邀请并不是合同成立过程中的必经过程，它是当事人订立合同的预备行为，这种意思表示的内容往往不确定，不含有合同得以成立的主要内容和相对人同意后受其约束的表示，在法律上无需承担责任，故选项 C 错误。承诺可以撤回，撤回承诺的通知应当在承诺通知到达要约人之前或者与承诺通知同时到达要约人，故选项 D 错误。

11. 本题的考点为合同履行的特殊规则。《合同法》规定，执行政府定价或政府指导价的，在合同约定的交付期限内政府价格调整时，按照交付时的价格计价。逾期交付标的物的，遇价格上涨时，按照原价格执行；价格下降时，按照新价格执行。

12. 本题的考点为项目投资决策管理制度。对于采用直接投资和资本金注入方式的政府投资项目，政府需要从投资决策的角度审批项目建议书和可行性研究报告，除特殊情况外，不再审批开工报告，同时还要严格审批其初步设计和概算；对于采用投资补助、转贷和贷款贴息方式的政府投资项目，则只审批资金申请报告。

13. 本题的考点为模拟施工。应用 BIM 技术，可根据施工组织设计在 3D 建筑模型的基础上加施工进度形成 4D 模型模拟实际施工，从而通过确定合理的施工方案指导实际施工。此外，还可进一步加载费用数据，形成 5D 模型，从而实现工程造价的模拟计算。

14. 本题的考点为采用平行承包模式的特点。采用平行承包模式的特点：①有利于建设单位择优选择承包单位；②有利于控制工程质量；③有利于缩短建设工期；④组织管理和协调工作量大；⑤工程造价控制难度大；⑥相对于总分包模式而言，平行承包模式不利于发挥那些技术水平高、综合管理能力强的承包单位的综合优势。

15. 本题的考点为直线职能制组织结构的特点。直线职能制组织结构既保持了直线制统一指挥的特点，又满足了职能制对管理工作专业化分工的要求。其主要特点是集中领导、职责清楚，有利于提高管理效率。但这种组织机构中各职能部门之间的横向联系差，信息传递路线长，职能部门与指挥部门之间容易产生矛盾。

16. 本题的考点为工程项目建设总进度计划的主要内容。工程项目建设总进度计划的主要内容包括文字和表格两部分。表格部分包括工程项目一览表、工程项目总进度计划、投资计划年度分配表和工程项目进度平衡表，故选项 C 正确。

17. 本题的考点为施工进度计划。在安排每班工人数和机械台数时，应综合考虑以下问题：

（1）要保证各个工作项目上工人班组中每一个工人拥有足够的工作面（不能少于最小

工作面），以发挥高效率并保证施工安全；

（2）要使各个工作项目上的工人数量不低于正常施工时所必需的最低限度（不能小于最小劳动组合），以达到最高的劳动生产率。

由此可见，最小工作面限定了每班安排人数的上限，而最小劳动组合限定了每班安排人数的下限。

18. 本题的考点为工程项目目标控制的主要方法。折齿型分布，这多数是由于做频数表时，分组不当或组距确定不当所致。

19. 本题的考点为时间参数。时间参数是指在组织流水施工时，用以表达流水施工在时间安排上所处状态的参数，主要包括流水节拍、流水步距和流水施工工期等。

20. 本题的考点为非节奏流水施工。

（1）各施工过程流水节拍的累加数列：施工过程Ⅰ：2，5，9，12；施工过程Ⅱ：4，6，9，14；施工过程Ⅲ：3，5，7，11。

（2）流水步距等于错位相减求大差：施工过程Ⅰ与Ⅱ之间的流水步距：$K_{1,2}=$ max（2，1，3，3，-14）$=3$（天）；施工过程Ⅱ与Ⅲ之间的流水步距：$K_{2,3}=$max（4，3，4，7，-11）$=7$（天）。

（3）工期 $T=3+7+$（$3+2+2+4$）$=21$（天）。

21. 本题的考点为双代号网络图绘制。网络图中应只有一个起点节点和一个终点节点（任务中部分工作需要分期完成的网络计划除外）。除网络图的起点节点和终点节点外，不允许出现没有外向箭线的节点和没有内向箭线的节点。

22. 本题的考点为双代号网络计划时间参数的计算方法。对于有紧后工作的工作，其自由时差等于本工作之紧后工作最早开始时间减本工作最早完成时间所得之差的最小值。min（17，20）$-$（$12+3$）$=2$（天）。

23. 本题的考点为网络计划的优化。资源优化的目的是通过改变工作的开始时间和完成时间，使资源按照时间的分布符合优化目标。

24. 本题的考点为等值计算。根据题干信息"现金流入1 200万元等值"，因为选项A、B为现金流出图，故可得知选项A、B排除。选项C中，$150+200×$（$1+i$）$^{-1}+300×$（$1+i$）$^{-2}+450×$（$1+i$）$^{-3}<1 200$万元，故正确答案应为D。

25. 本题的考点为一次支付的情形。第8年年末需还本付息金额$F=$［1 000×（F/A，8%，3）×（F/P，8%，3）$-3 000$］×（F/P，8%，3）$=$｛1 000×［（$1+8%$）$^3-1$］/8%×（$1+8%$）$^3-3 000$｝×（$1+8%$）$^3=1 372.49$（万元）。

26. 本题的考点为名义利率和有效利率。有效利率 $=$（$1+10%/12$）$^{12}-1=10.47%$。

27. 本题的考点为投资回收期指标的不足。投资回收期指标不足的是，投资回收期没有全面考虑投资方案整个计算期内的现金流量，即只间接考虑投资回收之前的效果，不能反映投资回收之后的情况，无法准确衡量方案在整个计算期内的经济效果。

28. 本题的考点为利息备付率。利息备付率（ICR）也称已获利息倍数，是指投资方案在借款偿还期内的息税前利润（$EBIT$）与当期应付利息（PI）的比值。

29. 本题的考点为内部收益率指标。内部收益率容易被人误解为是项目初期投资的收益率。事实上，内部收益率的经济含义是投资方案占用的尚未回收资金的获利能力，它取决于项目内部。

30. 本题的考点为互斥型方案的评价。在工程经济分析中，对效益相同（或基本相同），但效益无法或很难用货币直接计量的互斥方案进行比较，常用费用现值（*PW*）比较替代净现值进行评价。

31. 本题的考点为不确定性分析与风险分析。盈亏平衡分析只适用于财务评价，敏感性分析和风险分析可同时用于财务评价和国民经济评价，故选项 C 正确。

32. 本题的考点为价值工程对象选择的常用方法。价值工程对象选择的常用方法：①因素分析法；② ABC 分析法；③强制确定法；④百分比分析法；⑤价值指数法。其中，强制确定法是以功能重要程度作为选择价值工程对象的一种分析方法。

33. 本题的考点为价值工程活动的工作程序。价值工程活动的工作程序中，通过功能分析与整理明确必要功能后，价值工程的下一步工作就是功能评价。

34. 本题的考点为方案评价阶段的工作顺序。在对方案进行评价时，无论是概略评价还是详细评价，一般可先进行技术评价，再分别进行经济评价和社会评价，最后进行综合评价。

35. 本题的考点为参数估算法。参数估算法在研制设计阶段运用该方法将系统分解为各个子系统和组成部分，运用过去的资料制定出物理的、性能的、费用的适当参数逐个分别进行估算，将结果累计起来便可求出总估算额。所用的参数有时间、重量、性能、费用等。

36. 本题的考点为项目资本金占项目总投资的最低比例。根据《国务院关于调整和完善固定资产投资项目资本金制度的通知》，对于保障性住房和普通商品住房项目，项目资本金占项目总投资的最低比例维持 20% 不变。

37. 本题的考点为项目资本金制度。按照我国现行规定，有些项目不允许国外资本控股，有些项目要求国有资本控股。《外商投资产业指导目录》（2015 年修订）中明确规定，电网、核电站、铁路干线路网、综合水利枢纽等项目，必须由中方控股。

38. 本题的考点为外部资金来源。优先股融资成本较高，且股利不能像债券利息一样在税前扣除。

39. 本题的考点为边际资金成本。边际资金成本是追加筹资决策的重要依据。项目公司为了扩大项目规模，增加所需资产或投资，往往需要追加筹集资金。在这种情况下，边际资金成本就成为比较选择各个追加筹资方案的重要依据。

40. 本题的考点为债券成本率。债券成本率 $K_B = i_b \times (1-T)/(1-f) = [2\,000\,\text{万元} \times 12\% \times (1-25\%)] / [2\,300\,\text{万元} \times (1-6\%)] = 8.33\%$。

41. 本题的考点为资本结构。项目融资中的债务资金利率主要为浮动利率、固定利率以及浮动／固定利率三种机制。评价项目融资中应该采用何种利率结构，需要综合考虑三方面的因素。其中，项目现金流量的特征起着决定性的作用。

42. 本题的考点为融资决策分析阶段的内容。融资决策分析阶段的内容包括选择项目的融资方式和任命项目融资顾问，故选项 D 正确。

43. 本题的考点为 TOT 方式的特点。从项目融资的角度看，TOT 是通过转让已建成项目的产权和经营权来融资的。

44. 本题的考点为 PFI 方式与 BOT 方式的比较。PFI 与 BOT 方式在本质上没有太大区别，但在一些细节上仍存在不同，主要表现在适用领域、合同类型、承担风险、合同期满处理方式等方面。

45. 本题的考点为项目融资的主要方式。每一年度全部 PPP 项目需要从预算中安排的支出，占一般公共预算支出比例应当不超过 10%。

46. 本题的考点为企业所得税税率。企业所得税实行 25% 的比例税率。符合条件的小型微利企业，减按 20% 的税率征收企业所得税。

47. 本题的考点为城镇土地使用税的税率。城镇土地使用税采用定额税率。

48. 本题的考点为工伤保险费的费率。用人单位属于二、三类行业的，费率实行浮动。用人单位的初次缴费费率，按行业基准费率确定，以后由统筹地区社会保险经办机构根据用人单位工伤保险费使用、工伤发生率、职业病危害程度等因素，1～3 年浮动一次。在行业基准费率的基础上，可上下各浮动两档：上浮第一档到本行业基准费率的 120%，上浮第二档到本行业基准费率的 150%，下浮第一档到本行业基准费率的 80%，下浮第二档到本行业基准费率的 50%。因为建筑业属于三类行业，故选项 B 正确。

49. 本题的考点为财务分析与经济分析的区别。项目财务分析的主要标准和参数是净利润、财务净现值、市场利率等，而项目经济分析的主要标准和参数是净收益、经济净现值、社会折现率等。

50. 本题的考点为有营业收入项目的收入补偿费用顺序。对有营业收入的项目，财务分析应根据收入抵补支出的程度，区别对待。收入补偿费用的顺序应为：补偿人工、材料等生产经营耗费、缴纳流转税、偿还借款利息、计提折旧和偿还借款本金。

51. 本题的考点为施工图预算审查的方法。分组计算审查法是指将相邻且有一定内在联系的项目编为一组，审查某个分量，并利用不同量之间的相互关系判断其他几个分项工程量的准确性。其优点是可加快工程量审查的速度；缺点是审查的精度较差。

52. 本题的考点为不同计价方式的合同比较。不同计价方式的合同比较见下表。

合同类型	总价合同	单价合同	成本加酬金合同			
			百分比酬金	固定酬金	浮动酬金	目标成本加奖罚
应用范围	广泛	广泛	有局限性	有局限性	有局限性	酌情
建设单位造价控制	易	较易	最难	难	不易	有可能
施工承包单位风险	大	小	基本没有	基本没有	不大	有

53. 本题的考点为通用合同条款的适用。通用合同条款同时适用于单价合同和总价合同，合同条款中涉及单价合同和总价合同的，招标人在编制招标文件时，应根据各行业和具体工程的不同特点和要求，进行修改和补充。

54. 本题的考点为《标准施工招标文件》的争议评审。除专用合同条款另有约定外，争议评审组在收到合同双方报告后的 14 天内，邀请双方代表和有关人员举行调查会，向双方调查争议细节；必要时争议评审组可要求双方进一步提供补充材料。在调查会结束后的 14 天内，争议评审组应在不受任何干扰的情况下进行独立、公正的评审，做出书面评审意见，并说明理由。

55. 本题的考点为竣工结算。发包人应在收到承包人按约定提交的最终竣工结算资料的 30 日内，结清竣工结算的款项。

56. 本题的考点为指定分包商。为了不损害承包商的利益，给指定分包商的付款应从暂定金额内开支。

57. 本题的考点为成本核算。计算折旧的基数：（10 000–1 000）元 =9 000 元。年数总和 =（1+2+3+4）年 =10 年。第 4 年折旧额 =（10 000–1 000）元 × 1/10=900 元。

58. 本题的考点为企业的项目成本考核指标。企业的项目成本考核指标包括：项目施工成本降低额；项目施工成本降低率。

59. 本题的考点为工程费用的动态监控。费用绩效指数（CPI）= 已完工程计划费用（$BCWP$）/ 已完工程实际费用（$ACWP$）=2 000 万元 /1 800 万元 =1.11。

60. 本题的考点为偏差分析的方法。曲线法是用费用累计曲线（S 曲线）来分析费用偏差和进度偏差的一种方法。应用时标网络图法进行费用偏差分析，是根据时标网络图得到每一时间段拟完工程计划费用，然后根据实际工作完成情况测得已完工程实际费用，并通过分析时标网络图中的实际进度前锋线，得出每一时间段已完工程计划费用，这样，即可分析费用偏差和进度偏差，故选项 A 正确。排列图和控制图发均属于质量控制的方法，故选项 B、C、D 可以顺利排除。

二、多项选择题

61. CD	62. ABE	63. BCDE	64. ABD	65. CE
66. BCE	67. BD	68. AC	69. BCD	70. BCE
71. ABDE	72. BCE	73. AC	74. AE	75. ABC
76. BDE	77. ACD	78. AB	79. BC	80. CDE

【解析】

61. 本题的考点为工程造价管理的基本原则。工程造价管理的关键在于前期决策和设计阶段，而在项目投资决策后，控制工程造价的关键就在于设计，故选项 C、D 正确。

62. 本题的考点为甲级工程造价咨询企业资质标准。甲级工程造价咨询企业资质标准：

（1）已取得乙级工程造价咨询企业资质证书满 3 年；

（2）企业出资人中注册造价工程师人数不低于出资人总人数的 60%，且其出资额不低于企业注册资本总额的 60%；

（3）技术负责人是注册造价工程师，并具有工程或工程经济类高级专业技术职称，且从事工程造价专业工作 15 年以上；

（4）专职从事工程造价专业工作的人员（以下简称专职专业人员）不少于 20 人。其中，具有工程或者工程经济类中级以上专业技术职称的人员不少于 16 人，注册造价工程师不少于 10 人，其他人员均需要具有从事工程造价专业工作的经历；

（5）企业与专职专业人员签订劳动合同，且专职专业人员符合国家规定的职业年龄（出资人除外）；

（6）专职专业人员人事档案关系由国家认可的人事代理机构代为管理；

（7）企业注册资本不少于人民币 100 万元；

（8）企业近 3 年工程造价咨询营业收入累计不低于人民币 500 万元；

（9）具有固定的办公场所，人均办公建筑面积不少于 10m²；

（10）技术档案管理制度、质量控制制度、财务管理制度齐全；

（11）企业为本单位专职专业人员办理的社会基本养老保险手续齐全；

（12）在申请核定资质等级之日前 3 年内无违规行为。

63. 本题的考点为安全生产管理费用的使用。施工单位对列入建设工程概算的安全作业环境及安全施工措施所需费用，应当用于施工安全防护用具及设施的采购和更新、安全施工措施的落实、安全生产条件的改善，不得挪作他用。

64. 本题的考点为投标保证金。投标保证金有效期应当与投标有效期一致，故选项 A 正确。投标保证金不得超过招标项目估算价的 2%，故选项 B 正确。招标人向在第一阶段提交技术建议的投标人提供招标文件，投标人按照招标文件的要求提交包括最终技术方案和投标报价的投标文件。如招标人要求投标人提交投标保证金，应当在第二阶段提出，故选项 C 错误。招标人不得挪用投标保证金，故选项 D 正确。招标人最迟应当在书面合同签订后 5 日内向中标人和未中标的投标人退还投标保证金及银行同期存款利息，故选项 E 错误。

65. 本题的考点为合同可以变更或者撤销的情形。当事人一方有权请求人民法院或者仲裁机构变更或者撤销的合同有：①因重大误解订立的；②在订立合同时显失公平的。一方以欺诈、胁迫的手段或者乘人之危，使对方在违背真实意思的情况下订立的合同，受损害方有权请求人民法院或者仲裁机构变更或者撤销。本题中选项 A、B 属于无效合同的情形。选项 D 属于合同部分条款无效的情形。

66. 本题的考点为分部（子分部）工程。分部工程是指将单位工程按专业性质、建筑部位等划分的工程。根据《建筑工程施工质量验收统一标准》GB 50300–2013，建筑工程包括：地基与基础、主体结构、装饰装修、屋面、给排水及采暖、通风与空调、建筑电气、智能建筑、建筑节能、电梯等分部工程。

67. 本题的考点为成倍节拍流水施工的特点。成倍节拍流水施工的特点如下：

（1）同一施工过程在其各个施工段上的流水节拍均相等；不同施工过程的流水节拍不等，但其值为倍数关系；

（2）相邻施工过程的流水步距相等，且等于流水节拍的最大公约数（K）；

（3）专业工作队数大于施工过程数，即有的施工过程只成立一个专业工作队，而对于流水节拍大的施工过程，可按其倍数增加相应专业工作队数目；

（4）各个专业工作队在施工段上能够连续作业，施工段之间没有空闲时间。

68. 本题的考点为关键工作。总时差最小的工作为关键工作。特别地，当网络计划的计划工期等于计算工期时，总时差为零的工作就是关键工作。选项 E，没有波形线并不意味着总时差最小。

69. 本题的考点为网络计划执行中的控制。工作 D 是关键工作，拖后 2 周，影响工期 2 周，故选项 A 错误。工作 D 拖后 2 周，工作 H 只有 1 周的总时差，会影响 H 工作的进度，故选项 E 错误。

70. 本题的考点为风险识别方法。风险识别的方法主要有专家调查法（头脑风暴法、德尔菲法、访谈法）、财务报表法、初始风险清单法、流程图法、风险调查法。

71. 本题的考点为确定基准收益率时应考虑的因素。确定基准收益率时应考虑以下因素：①资金成本和机会成本（i_1）；②投资风险（i_2）；③通货膨胀（i_3）。

72. 本题的考点为互斥方案静态评价方法。互斥方案静态分析常用增量投资收益率、增量投资回收期、年折算费用、综合总费用等评价方法进行相对经济效果的评价。增量投资内部收益率法与净年值法属于动态评价方法。

73. 本题的考点为价值工程产品的功能分类。按功能的重要程度分类，产品的功能一般可分为基本功能和辅助功能两类。

74. 本题的考点为既有法人项目资本金筹措。外部资金来源，包括既有法人通过在资本市场发行股票和企业增资扩股，以及一些准资本金手段，如发行优先股获取外部投资人的权益资金投入，同时也包括接受国家预算内资金为来源的融资方式。

75. 本题的考点为项目融资的特点。与传统的贷款方式相比，项目融资有其自身的特点，在融资出发点、资金使用的关注点等方面均有所不同。项目融资主要具有项目导向、有限追索、风险分担、非公司负债型融资、信用结构多样化、融资成本高、可利用税务优势的特点。

76. 本题的考点为物有所值（VFM）定性评价的基本指标。物有所值（VFM）定性评价指标包括全寿命期整合程度、风险识别与分配、绩效导向与鼓励创新、潜在竞争程度、政府机构能力、可融资性等六项基本评价指标，以及根据具体情况设置的补充评价指标。运营收入增长潜力与项目建设规模属于补充评价指标，故选项 A、C 错误。

77. 本题的考点为工程项目实施策划的内容。工程项目实施策划的内容包括：①工程项目组织策划；②工程项目融资策划；③工程项目目标策划；④工程项目实施过程策划。

78. 本题的考点为《标准施工招标文件》中的合同条款。发包人应对其提供的测量基准点、基准线和水准点及其书面资料的真实性、准确性和完整性负责。发包人提供上述基准资料错误导致承包人测量放线工作的返工或造成工程损失的，发包人应当承担由此增加的费用和（或）工期延误，并向承包人支付合理利润，故选项 C 错误。重新剥离检查，结果为合格，应由发包人承担费用，故选项 D 错误。除专用合同条款另有约定外，承包人应自行承担修建临时设施的费用，需要临时占地的，应由发包人办理申请手续并承担相应费用，故选项 E 错误。

79. 本题的考点为不平衡报价法的报价技巧。设计图纸不明确、估计修改后工程量要增加的，可以提高单价；而工程内容说明不清楚的，则可降低一些单价，在工程实施阶段通过索赔再寻求提高单价的机会，故选项 A 排除。如果工程不分标，不会另由一家承包单位施工，则其中肯定要施工的单价可报高些，不一定要施工的则应报低些，故选项 B 正确。单价与包干混合制合同中，招标人要求有些项目采用包干报价时，宜报高价，故选项 C 正确。有时招标文件要求投标人对工程量大的项目报"综合单价分析表"，投标时可将单价分析表中的人工费及机械设备费报得高一些，而材料费报得低一些，故选项 D 排除。经过工程量核算，预计今后工程量会增加的项目，适当提高单价，这样在最终结算时可多盈利；而对于将来工程量有可能减少的项目，适当降低单价，这样在工程结算时不会有太大损失，故选项 E 排除。

80. 本题的考点为工程竣工结算。工程竣工结算分为单位工程竣工结算、单项工程竣工结算和工程项目竣工总结算，故选项 A 错误。单位工程竣工结算由施工承包单位编制，建设单位审查；实行总承包的工程，由具体承包单位编制单位工程竣工结算，在总承包单位审查的基础上，由建设单位审查。单项工程竣工结算、工程项目竣工总结算由总承包单位编制，建设单位可直接进行审查，也可委托具有相应资质的工程造价咨询机构进行审查，故选项 B 错误。

2018年全国造价工程师执业资格考试试卷

一、单项选择题（共60题，每题1分。每题的备选项中，只有1个最符合题意）

1. 下列工程计价文件中，由施工承包单位编制的是（　　）。
A. 工程概算文件
B. 施工图结算文件
C. 工程结算文件
D. 竣工决算文件

2. 下列工作中，属于工程发承包阶段造价管理工作内容的是（　　）。
A. 处理工程变更
B. 审核工程概算
C. 进行工程计量
D. 编制工程量清单

3. 根据《工程造价咨询企业管理办法》，工程造价咨询企业资质有效期为（　　）年。
A. 2
B. 3
C. 4
D. 5

4. 根据《工程造价咨询企业管理办法》，乙级工程造价咨询企业中，专职从事工程造价专业工作的人员不应少于（　　）人。
A. 6
B. 8
C. 10
D. 12

5. 美国工程造价估算中，材料费和机械使用费估算的基础是（　　）。
A. 现行市场行情或市场租赁价
B. 联邦政府公布的商业信息价
C. 现行材料及设备供应商报价
D. 预计项目实施时的市场价

6. 根据《建设工程质量管理条例》，在正常使用条件下，给排水管道工程的最低保修期限为（　　）年。
A. 1
B. 2
C. 3
D. 5

7. 根据《招标投标法实施条例》，依法必须进行招标的项目可以不进行招标的情形是（　　）。
A. 受自然环境限制只有少量潜在投标人
B. 需要采用不可替代的专利或者专有技术
C. 招标费用占项目合同金额的比例过大
D. 因技术复杂只有少量潜在投标人

8. 根据《招标投标法实施条例》，投标人认为招投标活动不符合法律法规规定的，可以自知道或应当知道之日起（　　）日内向行政监督部门投诉。
A. 10
B. 15
C. 20
D. 30

9. 根据《合同法》，与无权代理人签订合同的相对人可以催告被代理人在（　　）个月内予以追认。

A. 1   B. 2

C. 3   D. 6

10. 根据《合同法》，当事人既约定违约金，又约定定金的，一方违约时，对方的正确处理方式是（   ）。

    A. 只能选择适用违约金条款   B. 只能选择适用定金条款

    C. 同时适用违约金和定金条款   D. 可以选择适用违约金或者定金条款

11. 根据《价格法》，政府在制定关系群众切身利益的公用事业价格时，应当建立（   ）制度，征求消费者、经营者和有关方面的意见。

    A. 听证会   B. 专家咨询

    C. 评估会   D. 社会公示

12. 根据《国务院关于投资体制改革的决定》（国发〔2004〕20号），实行备案制的项目是（   ）。

    A. 政府直接投资的项目

    B. 采用资金注入方式的政府投资项目

    C.《政府核准的投资项目目录》外的企业投资项目

    D.《政府核准的投资项目目录》内的企业投资项目

13. 为了保护环境，在项目实施阶段应做到"三同时"。这里的"三同时"是指主体工程与环保措施施工程要（   ）。

    A. 同时施工、同时验收、同时投入运行

    B. 同时审批、同时设计、同时施工

    C. 同时设计、同时施工、同时投入运行

    D. 同时施工、同时移交、同时使用

14. 对于实行项目法人责任制的项目，属于项目董事会职权的是（   ）。

    A. 审核项目概算文件   B. 组织工程招标工作

    C. 编制项目财务决算   D. 拟定生产经营计划

15. 对于技术复杂、各职能部门之间的技术界面比较繁杂的大型工程项目，宜采用的项目组织形式是（   ）组织形式。

    A. 直线制   B. 弱矩阵制

    C. 中矩阵制   D. 强矩阵制

16. 施工承包单位的项目管理实施规划应由（   ）组织编制。

    A. 施工企业经营负责人   B. 施工项目经理

    C. 施工项目技术负责人   D. 施工企业技术负责人

17. 下列组成内容中，属于单位工程施工组织设计纲领性内容的是（   ）。

    A. 施工进度计划   B. 施工方法

    C. 施工现场平面布置   D. 施工部署

18. 适用于分析和描述某种质量问题产生原因的统计分析工具是（   ）。

    A. 直方图   B. 控制图

    C. 因果分析图   D. 主次因素分析图

19. 某分部工程流水施工计划如下图所示，该流水施工的组织形式是（   ）。

施工过程编号	施工进度（天）												
	1	2	3	4	5	6	7	8	9	10	11	12	13
Ⅰ	①		②		③		④						
Ⅱ			①		②		③		④				
Ⅲ						①		②		③		④	

    A. 异步距异节奏流水施工

    B. 等步距异节奏流水施工

    C. 有提前插入时间的固定节拍流水施工

    D. 有间歇时间的固定节拍流水施工

20. 某工程有 3 个施工过程，分为 3 个施工段组织流水施工。3 个施工过程的流水节拍依次为 3、3、4 天，5、2、1 天和 4、1、5 天，则流水施工工期为（　　）天。

    A. 6　　　　　　　　　　　　　B. 17

    C. 18　　　　　　　　　　　　　D. 19

21. 某工程网络计划中，工作 M 有两项紧后工作，最早开始时间分别为 12 和 13。工作 M 的最早开始时间为 8，持续时间为 3，则工作 M 的自由时差为（　　）。

    A. 1　　　　　　　　　　　　　B. 2

    C. 3　　　　　　　　　　　　　D. 4

22. 工程网络计划中，对关键线路描述正确的是（　　）。

    A. 双代号网络计划中由关键节点组成

    B. 单代号网络计划中时间间隔均为零

    C. 双代号时标网络计划中无虚工作

    D. 单代号网络计划中由关键工作组成

23. 为缩短工期而采取的进度计划调整方法中，不需要改变网络计划中工作间逻辑关系的是（　　）。

    A. 将顺序进行的工作改为平行作业　　B. 重新划分施工段组织流水施工

    C. 采取措施压缩关键工作持续时间　　D. 将顺序进行的工作改为搭接作业

24. 关于利率及其影响因素的说法，正确的是（　　）。

    A. 借出资本承担的风险越大，利率就越高

    B. 社会借贷资本供过于求时，利率就上升

    C. 社会平均利润率是利率的最低界限

    D. 借出资本的借款期限越长，利率就越低

25. 企业从银行借入资金 500 万元，年利率 6%，期限 1 年，按季复利计息，到期还本付息，该项借款的年有效利率是（　　）。

    A. 6.00%　　　　　　　　　　　B. 6.09%

C. 6.121%   D. 6.136%

26. 下列投资方案经济效果评价指标中，属于动态评价指标的是（   ）。

   A. 总投资收益率   B. 内部收益率

   C. 资产负债率   D. 资本金净利润率

27. 某项目建设期 1 年，总投资 900 万元，其中流动资金 100 万元。建成投产后每年净收益为 150 万元。自建设开始年起，该项目的静态投资回收期为（   ）年。

   A. 5.3   B. 6.0

   C. 6.34   D. 7.0

28. 某项目预计投产后第 5 年的息税前利润为 180 万元，应还借款本金为 40 万元，应付利息为 30 万元，应缴企业所得税为 37.5 万元，折旧和摊销为 20 万元，该项目当年偿债备付率为（   ）。

   A. 2.32   B. 2.86

   C. 3.31   D. 3.75

29. 以产量表示的项目盈亏平衡点与项目投资效果的关系是（   ）。

   A. 盈亏平衡点越低，项目盈利能力越低

   B. 盈亏平衡点越低，项目抗风险能力越强

   C. 盈亏平衡点越高，项目风险越小

   D. 盈亏平衡点越高，项目产品单位成本越高

30. 价值工程的核心是对产品进行（   ）分析。

   A. 成本   B. 价值

   C. 功能   D. 寿命

31. 针对某种产品采用 ABC 分析法选择价值工程研究对象时，应将（   ）的零部件作为价值工程主要研究对象。

   A. 成本和数量占比较高   B. 成本占比高而数量占比小

   C. 成本和数量占比均低   D. 成本占比小而数量占比高

32. 价值工程应用对象的功能评价值是指（   ）。

   A. 可靠地实现用户要求功能的最低成本

   B. 价值工程应用对象的功能与现实成本之比

   C. 可靠地实现用户要求功能的最高成本

   D. 价值工程应用对象的功能重要性系数

33. 某既有产品功能现实成本和重要性系数见下表。若保持产品总成本不变，按成本降低幅度考虑，应优先选择的改进对象是（   ）。

功能区	功能现实成本 C	功能重要性系数
F_1	150	0.3
F_2	180	0.45
F_3	70	0.15
F_4	100	0.10
总计	500	1.00

A. F_1 B. F_2

C. F_3 D. F_4

34. 因大型工程建设引起大规模移民可能增加的不安定因素，在工程寿命周期成本分析中应计算为（   ）成本。

A. 经济   B. 社会

C. 环境   D. 人为

35. 进行工程寿命周期成本分析时，应将（   ）列入维持费。

A. 研发费   B. 设计费

C. 试运转费   D. 运行费

36. 根据项目资本金制度相关规定，下列固定资产投资项目中，资本金占总投资比例最高的是（   ）。

A. 铁路、公路项目   B. 普通商品住房项目

C. 钢铁、电解铝项目   D. 玉米深加工项目

37. 新设法人筹措项目资本金的方式是（   ）。

A. 公开募集   B. 增资扩股

C. 产权转让   D. 银行贷款

38. 企业通过发行债券进行筹资的特点是（   ）。

A. 增强企业经营灵活性   B. 产生财务杠杆正效应

C. 降低企业总资金成本   D. 企业筹资成本较低

39. 某企业发行优先股股票，票面面值按正常市价计算为 500 万元，筹资费费率为 4%，年股息率为 10%，企业所得税为 25%，则其资金成本率为（   ）。

A. 7.81%   B. 10.42%

C. 11.50%   D. 14.00%

40. 项目债务融资规模一定时，增加短期债务资本比重产生的影响是（   ）。

A. 提高总的融资成本   B. 增强项目公司的财务流动性

C. 提升项目的财务稳定性   D. 增加项目公司的财务风险

41. 项目融资属于"非公司负债型融资"，其含义是指（   ）。

A. 项目借款不会影响项目投资人（借款人）的利润和收益水平

B. 项目借款可以不在项目投资人（借款人）的资产负债表中体现

C. 项目投资人（借款人）在短期内不需要偿还借款

D. 项目借款的法律责任应当由借款人法人代表而不是项目公司承担

42. 在项目融资程序中，需要在融资结构设计阶段进行的工作是（   ）。

A. 起草融资法律文件   B. 评价项目风险因素

C. 控制与管理项目风险   D. 选择项目融资方式

43. 采用 TOT 方式进行项目融资需要设立 SPC（或 SPV），SPC（或 SPV）的性质是（   ）。

A. 借款银团设立的项目监督机构

B. 项目发起人聘请的项目建设顾问机构

C. 政府设立或参与设立的具有特许权的机构

    D. 社会资本投资人组建的特许经营机构

44. 采用 PFI 融资方式的特点是（　　　）。

    A. 可能降低公共项目投资效率

    B. 私营企业与政府签署特许经营合同

    C. 特许经营期满后将项目移交政府

    D. 私营企业参与项目设计并承担风险

45. PPP 项目财政承受能力论证中，确定年度折现率时应考虑财政补贴支出年份，并应参照（　　　）。

    A. 行业基准收益率　　　　　　　　B. 同期国债利率

    C. 同期地方政府债券收益率　　　　D. 同期当地社会平均利润率

46. 对小规模纳税人而言，增值税应纳税额的计算式是（　　　）。

    A. 销售额 × 征收率

    B. 销项税额 – 进项税额

    C. 销售额 /（1– 征收率）× 征收率

    D. 销售额 ×（1– 征收率）× 征收率

47. 计算企业应纳税所得额时，可以作为免税收入从企业收入总额中扣除的是（　　　）。

    A. 特许权使用费收入　　　　　　　B. 国债利息收入

    C. 财政拨款　　　　　　　　　　　D. 接受捐赠收入

48. 关于中华人民共和国境内用人单位投保工伤保险的说法，正确的是（　　　）。

    A. 需为本单位全部职工缴纳工伤保险费

    B. 只需为与本单位订有书面劳动合同的职工投保

    C. 只需为本单位的长期用工缴纳工伤保险费

    D. 可以只为本单位危险作业岗位人员投保

49. 针对政府投资的非经营性项目是否采用代建制的策划，属于工程项目的（　　　）策划。

    A. 目标　　　　　　　　　　　　　B. 构思

    C. 组织　　　　　　　　　　　　　D. 控制

50. 工程项目经济分析中，属于社会与环境分析指标的是（　　　）。

    A. 就业结构　　　　　　　　　　　B. 收益分配效果

    C. 财政收入　　　　　　　　　　　D. 三次产业结构

51. 下列投资方案现金流量表中，用来计算累计盈余资金、分析投资方案财务生存能力的是（　　　）。

    A. 投资现金流量表　　　　　　　　B. 资本金现金流量表

    C. 投资各方现金流量表　　　　　　D. 财务计划现金流量表

52. 采用全寿命周期费用法进行设计方案评价时，宜选用的费用指标是（　　　）。

    A. 正常生产年份总成本费用　　　　B. 项目累计净现金流量

    C. 年度等值费用　　　　　　　　　D. 运营期费用现值

53. 应用价值工程法对设计方案运行评价时包括下列工作内容：①功能评价；②功能分析；③计算价值系数。仅就此三项工作而言，正确的顺序是（　　　）。

A. ①→②→③   B. ②→①→③

C. ③→②→①   D. ②→③→①

54. 审查建设工程设计概算的编制范围时，应审查的内容是（   ）。

     A. 各项费用是否符合现行市场价格

     B. 是否存在擅自提高费用标准的情况

     C. 是否符合国家对于环境治理的要求

     D. 是否存在多列或遗漏的取费项目

55. 下列不同计价方式的合同中，施工承包单位风险大，建设单位容易进行造价控制的是（   ）。

     A. 单价合同   B. 成本加浮动酬金合同

     C. 总价合同   D. 成本加百分比酬金合同

56. 根据《标准施工招标文件》，施工合同文件包括下列内容：①已标价工程量清单；②技术标准和要求；③中标通知书。仅就上述三项内容而言，合同文件的优先解释顺序是（   ）。

     A. ①→②→③   B. ③→①→②

     C. ②→①→③   D. ③→②→①

57. 根据《标准施工招标文件》，合同价格是指（   ）。

     A. 合同协议书中写明的合同总金额

     B. 合同协议书中写明的不含暂估价的合同总金额

     C. 合同协议书中写明的不含暂列金额的合同总金额

     D. 承包人完成全部承包工作后的工程结算价格

58. 下列施工成本管理方法中，能预测在建工程尚需成本数额，为后续工程施工成本和进度控制指明方向的方法是（   ）。

     A. 工期 – 成本同步分析法   B. 价值工程法

     C. 挣值分析法   D. 因素分析法

59. 某项固定资产原值为 5 万元，预计使用年限为 6 年，净残值为 2 000 元，采用年数总和法进行折旧时，第三年折旧额为（   ）元。

     A. 6 857   B. 8 000

     C. 9 143   D. 9 520

60. 某工程施工至月底时的情况为：已完工程量 120m³，实际单价 8 000 元 /m³，计划工程量 100m³，计划单价 7 500 元 /m³。则该工程在当月底的费用偏差为（   ）。

     A. 超支 6 万元   B. 节约 6 万元

     C. 超支 15 万元   D. 节约 15 万元

二、多项选择题（共 20 题，每题 2 分。每题的备选项中，有 2 个或 2 个以上符合题意，至少有 1 个错项。错选，本题不得分；少选，所选的每个选项得 0.5 分）

61. 工程计价的依据有多种不同类型，其中工程单价的计算依据有（   ）。

     A. 材料价格   B. 投资估算指标

     C. 机械台班费   D. 人工单价

E. 概算定额

62. 根据造价工程师执业资格制度，注册造价工程师的权利有（　　　）。

　　A. 裁定工程造价经济纠纷　　　　　B. 执行工程计价标准

　　C. 发起设立工程造价咨询企业　　　D. 依法独立执行工程造价业务

　　E. 保管和使用本人的注册证书

63. 根据《建筑法》，申请领取施工许可证应当具备的条件有（　　　）。

　　A. 建设资金已全额到位

　　B. 已提交建筑工程用地申请

　　C. 已经确定建筑施工单位

　　D. 有保证工程质量和安全的具体措施

　　E. 已完成施工图技术交底和图纸会审

64. 对于列入建设工程概算的安全作业环境及安全施工措施所需的费用，施工单位应当用于（　　　）。

　　A. 安全生产条件改善　　　　　　　B. 专职安全管理人员工资发放

　　C. 施工安全设施更新　　　　　　　D. 安全事故损失赔付

　　E. 施工安全防护用具采购

65. 根据《合同法》，下列合同中属于效力待定合同的有（　　　）。

　　A. 因重大误解订立的合同

　　B. 恶意串通损害第三人利益的合同

　　C. 在订立合同时显失公平的合同

　　D. 超越代理权限范围订立的合同

　　E. 限制民事行为能力人订立的合同

66. 工程项目决策阶段编制的项目建议书应包括的内容有（　　　）。

　　A. 环境影响的初步评价　　　　　　B. 社会评价和风险分析

　　C. 主要原材料供应方案　　　　　　D. 资金筹措方案设想

　　E. 项目进度安排

67. 建设工程组织流水施工时，确定流水节拍的方法有（　　　）。

　　A. 定额计算法　　　　　　　　　　B. 经验估计法

　　C. 价值工程法　　　　　　　　　　D. ABC 分析法

　　E. 风险概率法

68. 某工作双代号网络计划如下图所示，存在的绘图错误有（　　　）。

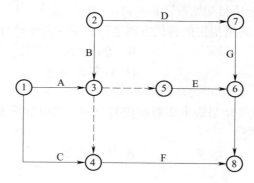

A. 多个起点节点   B. 多个终点节点

C. 存在循环回路   D. 节点编号有误

E. 有多余虚工作

69. 某工程网络计划执行到第 8 周末检查进度情况见下表（单位：周），从表中可得到的正确结论有（　　　）。

工作名称	检查计划时尚需作业周数	到计划最迟完成时尚余周数	原有总时差
H	3	2	1
K	1	2	0
M	4	4	2

A. 工作 H 影响总工期 1 周   B. 工作 K 提前 1 周

C. 工作 K 尚有总时差为零   D. 工作 M 按计划进行

E. 工作 H 尚有总时差 1 周

70. 工程风险管理计划实施过程中的监控内容包括（　　　）。

A. 制订风险控制措施   B. 评估风险控制措施产生的效果

C. 跟踪和评估风险的变化程度   D. 确定风险的可接受性

E. 监控潜在风险的发展

71. 采用总投资收益率指标进行项目经济评价的不足有（　　　）。

A. 不能用于同行业同类项目经济效果比较

B. 不能反映项目投资效果的优势

C. 没有考虑投资收益的时间因素

D. 正常生产年份的选择带有较大的不确定性

E. 指标的计算过于复杂和繁琐

72. 关于项目财务内部收益的说法，正确的有（　　　）。

A. 内部收益不是初始投资在整个计算期内的盈利率

B. 计算内部收益率需要事先确定基准收益

C. 内部收益率是使项目财务净现值为零的收益率

D. 内部收益率的评价准则是 $IRR \geq 0$ 时方案可行

E. 内部收益率是项目初始投资在寿命期内的收益率

73. 应用价值工程，对所提出的替代方案进行定量综合评价可采用的方法有（　　　）。

A. 优点列举法   B. 德尔菲法

C. 加权评分法   D. 强制评分法

E. 连环替代法

74. 根据固定资产投资项目资本金制度相关规定，除用货币出资外，投资者还可以用（　　　）作价出资。

A. 实物   B. 工业产权

　　　　C. 专利技术　　　　　　　　　D. 非专利技术

　　　　E. 无形资产

75. 与传统的贷款方式相比，项目融资的优点有（　　　）。

　　　　A. 融资成本较低　　　　　　　B. 信用结构多样化

　　　　C. 投资风险小　　　　　　　　D. 可利用税务优势

　　　　E. 属于资产负债表外融资

76. 投保建筑工程一切险时，不能作为保险项目的有（　　　）。

　　　　A. 现场临时建筑　　　　　　　B. 现场的技术资料、账簿

　　　　C. 现场使用的施工机械　　　　D. 领有公共运输执照的车辆

　　　　E. 现场在建的分部工程

77. 工程项目多方案比选的内容有（　　　）。

　　　　A. 选址方案　　　　　　　　　B. 规模方案

　　　　C. 污染防治措施方案　　　　　D. 投产后经营方案

　　　　E. 工艺方案

78. 关于建设工程限额设计的说法，正确的有（　　　）。

　　　　A. 限额设计应遵循全寿命期费用最低原则

　　　　B. 限额设计的重要依据是批准的投资总额

　　　　C. 限额设计时工程使用功能不能减少

　　　　D. 限额设计应追求技术经济合理的最佳整体目标

　　　　E. 限额设计可分为限额初步设计和限额施工图设计

79. 根据 FIDIC《土木工程施工合同条件》，关于争端裁决委员会（DAB）及其解决争端的说法，正确的有（　　　）。

　　　　A. DAB 由 1 人或 3 人组成

　　　　B. DAB 在收到书面报告后 84 天内裁决争端且不需说明理由

　　　　C. 合同一方对 DAB 裁决不满时，应在收到裁决后 14 天内发出表示不满的通知

　　　　D. 合同双方在未通过友好协商或仲裁改变 DAB 裁决之前应当执行 DAB 裁决

　　　　E. 合同双方没有发出表示不满 DAB 裁决的通知的，DAB 裁决对双方有约束力

80. 根据《标准施工招标文件》，工程变更的情形有（　　　）。

　　　　A. 改变合同中某项工作的质量

　　　　B. 改变合同工程原定的位置

　　　　C. 改变合同中已批准的施工顺序

　　　　D. 为完成工程需要追加的额外工作

　　　　E. 取消某项工作改由建设单位自行完成

2018 年全国造价工程师执业资格考试试卷 参考答案及详解

一、单项选择题

1. C	2. D	3. B	4. D	5. A
6. B	7. B	8. A	9. A	10. D
11. A	12. C	13. C	14. A	15. D
16. B	17. D	18. C	19. D	20. C
21. A	22. B	23. C	24. A	25. D
26. B	27. D	28. A	29. A	30. D
31. B	32. A	33. D	34. B	35. A
36. C	37. A	38. D	39. B	40. A
41. B	42. B	43. C	44. A	45. C
46. A	47. B	48. C	49. C	50. B
51. D	52. C	53. B	54. D	55. C
56. D	57. D	58. C	59. C	60. A

【解析】

1. 本题的考点为工程计价特征中计价的多次性中的内涵。工程结算文件一般由承包单位编制，由发包单位审查，也可委托工程造价咨询机构进行审查。

2. 本题的考点为工程造价管理的主要内容。工程发承包阶段造价管理的工作内容：进行招标策划，编制和审核工程量清单、招标控制价或标底，确定投标报价及其策略，直至确定承包合同价。

3. 本题的考点为造价咨询企业的资质期限。工程造价咨询企业资质有效期为 3 年。

4. 本题的考点为乙级工程造价咨询企业资质标准。专职专业人员不少于 12 人，其中，具有工程或者工程经济类中级以上专业技术职称的人员不少于 8 人，注册造价工程师不少于 6 人。

5. 本题的考点为发达国家和地区工程造价管理的特点。美国工程造价估算中的人工费由基本工资和附加工资两部分组成。其中，附加工资项目包括管理费、保险金、劳动保护金、退休金、税金等。材料费和机械使用费均以现行的市场行情或市场租赁价作为造价估算的基础。

6. 本题的考点为工程最低保修期限的规定。在正常使用条件下，电气管道、给排水管道、设备安装和装修工程的最低保修期限为 2 年。

7. 本题的考点为招标的范围和方式。注意区别可以不招标的情形和可以邀请招标的情形。选项 A、C、D 为可以进行邀请招标的情形。

8. 本题的考点为投标投诉与处理的规定。如果投标人或者其他利害关系人认为招投标活动不符合法律、行政法规规定的，可以自知道或者应当知道之日起 10 日内向有关行政监督部门投诉。

9. 本题的考点为效力待定合同的规定。与无权代理人签订合同的相对人可以催告被代理人在 1 个月内予以追认。

10. 本题的考点为违约责任的承担。定金与违约金不能同时适用。当事人既约定违约金，又约定定金的，一方违约时，对方可以选择适用违约金或者定金条款。

11. 本题的考点为价格法的相关规定。制定关系群众切身利益的公用事业价格、公益性服务价格、自然垄断经营的商品价格时，应当建立听证会制度，征求消费者、经营者和有关方面的意见。

12. 本题的考点为项目投资决策管理制度。对于《政府核准的投资项目目录》以外的企业投资项目，实行备案制。

13. 本题的考点为工程项目管理的任务。在项目实施阶段，必须做到"三同时"，即主体工程与环保措施工程同时设计、同时施工、同时投入运行。

14. 本题的考点为项目法人责任制中董事会与项目总经理的职权划分。项目董事会的职权包括审核、上报项目初步设计和概算文件等。选项 B、C、D 涉及的内容为项目总经理的职权范围。

15. 本题的考点为项目组织形式。由于对于技术复杂的工程项目，各职能部门之间的技术界面比较繁杂，采用强矩阵制组织形式有利于加强各职能部门之间的协调配合。

16. 本题的考点为承包单位的计划体系。项目管理实施规划是在开工之前由施工项目经理组织编制，并报企业管理层审批的工程项目管理文件。

17. 本题的考点为单位工程施工组织设计的内容。单位工程施工组织设计中，施工部署属于施工组织设计的纲领性内容。

18. 本题的考点为项目目标控制的主要方法。因果分析图又称为树枝图或鱼刺图，是用来寻找某种质量问题产生原因的有效工具。

19. 本题的考点为流水施工组织形式。从流水施工计划图中可以看出各个过程的流水节拍均为 2 天。流水步距等于流水节拍。施工过程 Ⅱ 和施工过程 Ⅲ 之间有 1 天的间歇时间。故判断为有间歇的固定节拍流水施工。

20. 本题的考点为非节奏流水施工中累加数列错位相减取最大差法的计算。

（1）求各施工过程流水节拍的累加数列：

施工过程 Ⅰ：3，6，10

施工过程 Ⅱ：5，7，8

施工过程 Ⅲ：4，5，10

（2）错位相减求得差数列：

Ⅰ 与 Ⅱ：$\begin{array}{r} 3,\ 6,\ 10 \\ -)\quad 5,\ 7,\ 8 \\ \hline 3,\ 1,\ 3,\ -8 \end{array}$

Ⅱ 与 Ⅲ：$\begin{array}{r} 5,\ 7,\ 8 \\ -)\quad 4,\ 5,\ 10 \\ \hline 5,\ 3,\ 3,\ -10 \end{array}$

（3）在差数列中取最大值求得流水步距：

施工过程 I 与 II 之间的流水步距 $K_{1,2}=3$（天），施工过程 II 与 III 之间的流水步距 $K_{2,3}=5$（天），流水施工工期 $T-3+5+10=18$（天）。

21. 本题的考点为双代号网络计划中时间参数的计算。对于有紧后工作的工作，自由时差＝紧后工作最早开始时间的最小值－本工作的最早完成时间所得之差的最小值。$EF_M=8+3=11$。$EF_M=\min\{12-11，13-11\}=1$。

22. 本题的考点为关键线路的判断。由关键节点组成的线路不一定是关键线路，故选项 A 错误。单代号网络计划，从网络计划的终点节点开始，逆着箭线方向依次找出相邻两项工作之间时间间隔为零的线路就是关键线路。故选项 B 正确，选项 D 错误。双代号时标网络计划中，凡自始至终不出现波形线的线路即为关键线路，故选项 C 错误。

23. 本题的考点为网络计划的优化中的工期优化。所谓工期优化，是指网络计划的计算工期不满足要求工期时，通过压缩关键工作的持续时间以满足要求工期目标的过程。

24. 本题的考点为利率的内涵及决定因素。社会借贷资本供过于求时，利率下降，选项 B 错误。选项 C 的正确表述应为"最高界线"。借出资本的借款期限越长，利率就越高，选项 D 错误。

25. 本题的考点为名义利率和年有效利率的换算。根据公式 $i_{\text{eff}}=\left(1+\dfrac{r}{m}\right)^m-1=$ $(1+6\%/4)^4-1=6.136\%$。

26. 本题的考点为投资方案经济评价指标体系。本题中，选项 A、C、D 属于静态评价指标。

27. 本题的考点为静态投资回收期的计算。自建设开始年算起的自建设开始年起的静态投资回收期 $P_t=1+TI/A=1+900/150=7$（年）。

28. 本题的考点为偿债备付率的计算。偿债备付率＝（息税前利润＋折旧＋推销－所得税）/应还本付息额＝（180+20-37.5）/（40+30）=2.32。

29. 本题的考点为盈亏平衡点的内涵。盈亏平衡点越低，达到此点的盈亏平衡产量和收益或成本也就越少，项目投产后盈利的可能性越大，适应市场变化的能力越强，抗风险能力也越强。

30. 本题的考点为价值工程的核心。价值工程的核心是对产品进行功能分析。

31. 本题的考点为价值工程中 ABC 分析法。ABC 分析法中，将占总成本 70%～80% 而占零部件总数 10%～20% 的零部件划分为 A 类部件。A 类零部件是价值工程的主要研究对象，故选项 B 正确。

32. 本题的考点为价值工程中功能评价值（目标成本 F）的概念。对象的功能评价值 F（目标成本），是指可靠地实现用户要求功能的最低成本，它可以理解为是企业有把握，或者说应该达到的实现用户要求功能的最低成本。

33. 本题的考点为成本改善期望值的计算。根据产品现实成本和功能重要性系数重新分配的功能区成本 $F_i=$ 功能重要性系数 $\times \sum\limits_{i=1}^{n} C_i$。成本降低幅度 $\Delta C_i=C_i-F_i$，则 $F_1=150-150=0$，$F_2=500\times0.45-180=45$，$F_3=500\times0.15-70=5$，$F_4=500\times0.1-100=-50$。F_4 的成本降低额最高。

34. 本题的考点为工程寿命周期成本的构成。如果一个工程项目的建设会增加社会的运行成本，如由于工程建设引起大规模的移民，可能增加社会的不安定因素，这种影响就应计算为社会成本。

35. 本题的考点为费用效率法确定工程寿命周期成本的内容。维持费 SC 包括：运行费、维修费、后勤支援费和报废的费用。本题中，选项 A、B、C 属于设置费。

36. 本题的考点为项目资本金的比例。选项 C 的项目为 40%，选项 A、B、D 的项目均为 20%。

37. 本题的考点为新设项目法人资本金筹措方式。新设项目法人资本金筹措方式包括在资本市场募集股本资金和合资合作。

38. 本题的考点为债券筹资的特点。债券筹资的优点包括：筹资成本较低；保障股东控制权；发挥财务杠杆作用；便于调整资本结构。

39. 本题的考点为优先股资金成本的计算。资金成本率 $=500 \times 10\% / \left[500 \times （1-4\%）\right] = 10\%/（1-4\%）=10.42\%$。

40. 本题的考点为债务资金结构。增加短期债务，能降低总融资成本，但会增大公司财务风险。

41. 本题的考点为项目融资的特点。非公司负债型融资是指项目的债务不表现在项目投资者（即实际借款人）的公司资产负债表中负债栏的一种融资形式，只以某种说明的形式反映在公司资产负债表的注释中。

42. 本题的考点为项目融资程序的内容。融资结构设计阶段的内容包括：评价项目风险因素，评价项目的融资结构和资金结构。

43. 本题的考点为 TOT 方式的内涵。采用 TOT 方式进行项目融资的，SPC 或 SPV 通常是政府设立或政府参与设立的具有特许权的机构。

44. 本题的考点为 PFI 模式的内容。PFI 项目由于私营企业参与项目设计，需要其承担设计风险。

45. 本题的考点为 PPP 项目财政承受能力论证。年度折现率应考虑财政补贴支出发生年份，并参照同期地方政府债券收益率合理确定。

46. 本题的考点为增值税的计算。对小规模纳税人而言，增值税应纳税额的计算式是：应纳税额 = 销售额 × 征收率。

47. 本题的考点为企业所得税的计税依据。选项 A、D 为所得税应纳税所得额中收入总额的组成部分。选项 B 为免税收入，选项 C 为不征税收入，两者最主要的区别在于，免税收入是国家优惠政策，对于某些该交税的经营活动准予其不交税；而不征税收入是本身不需要交税的活动。

48. 本题的考点为工伤保险的投保范围。工伤保险的投保人是中华人民共和国境内的用人单位，而被保险人则是其用人单位的全部职工或者雇工。在这里应特别注意的是，劳动者与用人单位无论是订立了书面劳动合同还是未签订劳动合同，劳动者的用工形式无论是长期工、季节工，还是临时工，只要形成了劳动关系或事实上形成了劳动关系的职工，均享有工伤保险待遇的权利。

49. 本题的考点为工程项目实施策划的内容。包括项目组织策划、融资策划、目标策划、实施过程策划。工程项目组织策划：对于政府投资的非经营性项目，可以实行代建制，也可以采用其他实施方式，工程项目组织策划既是工程项目总体构思策划的重要内容，也是对工程项目实施过程产生重要影响的策划内容。

50. 本题的考点为工程项目经济分析中的社会与环境指标。选项 A、C、D 属于经济效益分析。社会与环境指标主要包括：就业效果指标、收益分配效果指标、资源合理利用指标和环境影响效果指标等。为了分析项目对贫困地区经济的贡献，可设置贫困地区收益分配比重指标。

51. 本题的考点为财务计划现金流量表。财务计划现金流量表反映投资方案计算期各年的投资、融资及经营活动的现金流入和流出，用于计算累计盈余资金，分析投资方案的财务生存能力。

52. 本题的考点为全寿命期费用法的内容。应用时不用净现值法，主要是由于不同技术方案的寿命周期不同，而用年度等值法，以年度费用小者为最优方案。

53. 本题的考点为价值工程的步骤。在工程设计阶段，应用价值工程法对设计方案进行评价的步骤如下：①功能分析；②功能评价；③计算功能评价系数（F）；④计算成本系数（C）；⑤求出价值系数（V）并对方案进行评价。

54. 本题的考点为设计概算的审查。审查分为对编制依据、编制深度和主要内容三个方面的审查。其中编制深度中有对编制范围的内容。审查设计概算的编制范围包括：设计概算编制范围和内容是否与批准的工程项目范围相一致；各项费用应列的项目是否符合法律法规及工程建设标准；是否存在多列或遗漏的取费项目等。

55. 本题的考点为不同计价方式合同的比较。不同计价方式合同的比较见下表：

合同类型	总价合同	单价合同	成本加酬金合同			
			百分比酬金	固定酬金	浮动酬金	目标成本加奖罚
应用范围	广泛	广泛	有局限性	有局限性	有局限性	酌情
建设单位造价控制	易	较易	最难	难	不易	有可能
施工承包单位风险	大	小	基本没有	基本没有	不大	有

56. 本题的考点为《标准施工招标文件》中合同文件的优先顺序。组成合同的各项文件应互相解释、互为说明。除专用合同条款另有约定外，解释合同文件的优先顺序如下：①合同协议书；②中标通知书；③投标函及投标函附录；④专用合同条款；⑤通用合同条款；⑥技术标准和要求；⑦图纸；⑧已标价工程量清单；⑨其他合同文件。

57. 本题的考点为合同价格。合同价格是指承包人按合同约定完成包括缺陷责任期内的全部承包工作后，发包人应付给承包人的金额，包括在履行合同过程中按合同约定进行的变更、价款调整、通过索赔应予补偿的金额。合同价格也是承包人完成全部承包工作后的工程结算价格。

58. 本题的考点为成本控制的方法。挣值分析法通过比较已完工程实际成本、已完工程预算成本和拟完工程预算成本三个值，进行成本和进度分析。挣值分析法可以通过计算后续未完工程的计划成本余额，预测其尚需的成本数额，从而为后续工程施工的成本、进度控制及寻求降低成本挖潜途径指明方向。

59. 本题的考点为折旧额的计算。第三年折旧 = （5－0.2）×（6－2）/（1+2+3+4+5+6）= 0.914 28（万元）。

60. 本题的考点为费用偏差的计算。费用偏差（CV）= 已完工程计划费用（$BCWP$）－已完工程实际费用（$ACWP$）=120 ×（7 500－8 000）=－60 000，当 $CV<0$ 时，说明工程费用超支。

二、多项选择题

61. ACD	62. CDE	63. CD	64. ACE	65. DE
66. ADE	67. AB	68. ADE	69. AB	70. BCE
71. CD	72. AC	73. CD	74. ABD	75. BDE
76. BD	77. ABCE	78. BCD	79. ADE	80. ABCD

【解析】

61. 本题的考点为计价依据的复杂性。工程单价计算依据包括：人工单价、材料价格、材料运杂费、机械台班费等。

62. 本题的考点为注册造价工程师的权利。注册造价工程师的权利：①使用注册造价工程师名称；②依法独立执行工程造价业务；③在本人执业活动中形成的工程造价成果文件上签字并加盖执业印章；④发起设立工程造价咨询企业；⑤保管和使用本人的注册证书和执业印章；⑥参加继续教育。

63. 本题的考点为施工许可证的申领条件。选项 A 的正确表述为"建设资金已经落实"。选项 B 的正确表述为"已办理建筑工程用地批准手续"。选项 E 的正确表述为"有满足施工需要的施工图纸及技术资料"。

64. 本题的考点为安全生产管理费用。列入建设工程概算的安全作业环境及安全施工措施所需的费用只能用于选项 A、C、E 之用，不得挪作他用。

65. 本题的考点为三种效力合同的主要类型。效力待定主要是由于主体资格有问题。A、C 选项为可变更、可撤销合同。选项 B 为无效合同。

66. 本题的考点为项目建议书的内容。项目建议书内容视项目不同而有繁有简，但一般应包括以下内容：①项目提出的必要性和依据；②规划和设计方案、产品方案、拟建规模和建设地点的初步设想；③资源情况、建设条件、协作关系和设备技术引进国别、厂商的初步分析；④投资估算、资金筹措及还贷方案设想；⑤项目进度安排；⑥经济效益和社会效益的初步估计；⑦环境影响的初步评价。

67. 本题的考点为流水节拍的确定方法。流水节拍的确定方法包括定额计算法和定额计算法。

68. 本题的考点为双代号网络计划的绘制规则。节点 1 和 2 均为起点节点。工作 G 节点编号有误。3—5 为多余虚工作。

69. 本题的考点为网格计划执行控制中的列表比较法。通过比较尚有总时差和原有总时差，来判断工程实际进展状况。H 拖后两周，影响总工期一周，K 尚有总时差（2－1）=1

周，提前一周。M 拖后两周，但不影响总工期。

70. 本题的考点为项目风险管理程序。可用排除法来作。选项 A、D 不属于实施过程中的监控。风险管理计划实施后，风险控制措施必然会对风险的发展产生相应的效果，监控风险管理计划实施过程的主要内容包括：①评估风险控制措施产生的效果；②及时发现和度量新的风险因素；③跟踪、评估风险的变化程度；④监控潜在风险的发展，监测项目风险发生的征兆；⑤提供启动风险应急计划的时机和依据。

71. 本题的考点为投资收益率指标的优点与不足。投资收益率指标的经济意义明确、直观，计算简便，在一定程度上反映了投资效果的优劣，可适用于各种投资规模。但不足的是，没有考虑投资收益的时间因素，忽视了资金时间价值的重要性；指标计算的主观随意性太强，正常生产年份的选择比较困难，如何确定带有一定的不确定性和人为因素。因此，以投资收益率指标作为主要的决策依据不太可靠。

72. 本题的考点为内部收益率。内部收益率不是初始投资在整个计算期内的盈利率，因而它不仅受项目初始投资规模的影响，而且受项目计算期内各年净收益大小的影响，故选项 A 正确，选项 E 错误。内部收益率不需要事先确定一个基准收益率，而只需要知道基准收益率的大致范围即可，故选项 B 错误。当 $IRR>i_c$（基准收益率）时，方案可以接受，故选项 D 错误。

73. 本题的考点为价值工程方案综合评价方法。定性方法有德尔菲法、优缺点列举法，定量方法有直接评分法、加权评分法、比较价值评分法、环比评分法、强制评分法、几何平均值评分法。选项 A、B 属于定性方法。

74. 本题的考点为资本金的来源。可以用货币出资，也可以用实物、工业产权、非专利技术、土地使用权作价出资。

75. 本题的考点为项目融资的特点。与传统的贷款方式相比，项目融资有其自身的特点，在融资出发点、资金使用的关注点等方面均有所不同。项目融资主要具有项目导向、有限追索、风险分担、非公司负债型融资、信用结构多样化、融资成本高、可利用税务优势的特点。

76. 本题的考点为建筑工程一切险的除外责任。货币、票证、有价证券、文件、账簿、图表、技术资料，领有公共运输执照的车辆、船舶以及其他无法鉴定价值的财产，不能作为建筑工程一切险的保险项目。

77. 本题的考点为项目策划阶段多方案比选的内容。主要包括工艺方案比选、规模方案比选、选址方案比选、污染防治措施方案比选等。无论哪一种均包括技术方案比选和经济效益比选两个方面。

78. 本题的考点为限额设计的内涵。限额设计需要在投资额度不变的情况下，实现使用功能和建设规模的最大化，故选项 A 错误。限额设计的实施是建设工程造价目标的动态反馈和管理过程，可分为目标制订、目标分解、目标推进和成果评价四个阶段。目标推进通常包括限额初步设计和限额施工图设计两个阶段，故选项 E 错误。

79. 本题的考点为 FIDIC 合同中争端解决的内容。选项 B 的正确表述应为：DAB 在收到书面报告后 84 天内对争端作出裁决，并说明理由。选项 C 的正确表述应为：如果合同一方对 DAB 的裁决不满，则应在收到裁决后的 28 天内向合同对方发出表示不满的通知，并说明理由。

80. 本题的考点为工程变更的范围。工程变更包括以下五个方面：①取消合同中任何一项工作，但被取消的工作不能转由建设单位或其他单位实施；②改变合同中任何一项工作的质量或其他特性；③改变合同工程的基线、标高、位置或尺寸；④改变合同中任何一项工作的施工时间或改变已批准的施工工艺或顺序；⑤为完成工程需要追加的额外工作。

2019 年全国一级造价工程师职业资格考试试卷

一、单项选择题（共 **60** 题，每题 **1** 分。每题的备选项中，只有 **1** 个最符合题意）

1. 下列费用中，属于建设工程静态投资的是（   ）。
   A. 涨价预备费　　　　　　　　　B. 基本预备费
   C. 建设期贷款利息　　　　　　　D. 资金占用成本

2. 控制建设工程造价最有效的手段是（   ）。
   A. 设计与施工结合　　　　　　　B. 定性与定量结合
   C. 策划与实施结合　　　　　　　D. 技术与经济结合

3. 二级造价工程师执业工作内容是（   ）。
   A. 编制项目投资估算　　　　　　B. 审核工程量清单
   C. 核算工程结算价款　　　　　　D. 编制最高投标限价

4. 乙级造价咨询企业中，专职从事工程造价专业的工作人员应不少于（   ）人。
   A. 12　　　　　　　　　　　　　B. 10
   C. 8　　　　　　　　　　　　　 D. 6

5. 英国完整建设工程标准合同体系中，适用于房屋建筑工程的是（   ）合同体系。
   A. ICE　　　　　　　　　　　　B. ACA
   C. JCT　　　　　　　　　　　　D. AIA

6. 建设单位应当自建设工程竣工验收合格之日起（   ）日内，将建设工程竣工验收报告报建设行政主管部门或者其他有关部门备案。
   A. 7　　　　　　　　　　　　　 B. 10
   C. 15　　　　　　　　　　　　　D. 30

7. 提供施工现场相邻建筑物和构筑物、地下工程的有关资料，并保证资料的真实、准确、完整是（   ）的安全责任。
   A. 建设单位　　　　　　　　　　B. 勘察单位
   C. 设计单位　　　　　　　　　　D. 施工单位

8. 某招标项目结算价 1 000 万元，投标截止日为 8 月 30 日，投标有效期为 9 月 25 日，则该项目投标保证金金额和其有效期应是（   ）。
   A. 最高不超过 30 万元，有效期为 9 月 25 日
   B. 最高不超过 30 万元，有效期为 8 月 30 日
   C. 最高不超过 20 万元，有效期为 8 月 30 日
   D. 最高不超过 20 万元，有效期为 9 月 25 日

9. 某通过招投标订立的政府采购合同金额为 200 万元，合同履行过程中需追加与合同标的相同的货物，在其他合同条款不变且追加合同金额最高不超过（   ）万元时，可以签订补充合同采购。
   A. 10　　　　　　　　　　　　　B. 20

C. 40   D. 50

10. 对格式条款有两种以上解释的，下列说法正确的是（　　　）。

A. 该格式条款无效，由双方重新协商

B. 该格式条款效力待定，由仲裁机构裁定

C. 应当作出利于提供格式条款一方的解释

D. 应当作出不利于提供格式条款一方的解释

11. 根据《价格法》，地方定价商品目录应经（　　　）审定后公布。

A. 地方人民政府价格主管部门 B. 地方人民政府

C. 国务院价格主管部门   D. 国务院

12. 根据《国务院关于投资体制改革的决定》，特别重大的政府投资项目实行（　　　）制度。

A. 专家评议   B. 咨询评估

C. 民主评议   D. 公众听证

13. 推行"全过程工程咨询"，是一种（　　　）的主要体现。

A. 将传统项目管理转变为技术经济分析

B. 将传统"碎片化"的咨询转变为"集成化"咨询

C. 将实施咨询转变为投资决策咨询

D. 造价专项咨询转变为整体项目管理

14. 对于实行项目法人责任制的项目，项目董事会的责任是（　　　）。

A. 组织编制初步设计文件 B. 控制工程投资、工期和质量

C. 组织工程设计招标   D. 筹措建设资金

15. 根据《国务院关于投资体制改革的决定》，工程代建制是一种针对（　　　）的建设实施组织方式。

A. 经营性政府投资项目   B. 基础设施投资项目

C. 非经营性政府投资项目 D. 核准目录内企业投资项目

16. 关于 CM 承包模式的说法，正确的是（　　　）。

A. 使工程项目实现有条件的"边设计，边施工"

B. 要求在工程设计全部结束之后，进行施工招标

C. 工程设计与施工由一个总承包单位统筹安排

D. 所有分包不同通过招标的方式展开竞争

17. 下列工程项目目标控制方法中，可用来随时了解生产过程中质量变化情况的方法是（　　　）。

A. 控制图法   B. 排列图法

C. 直方图法   D. 鱼刺图法

18. 专项施工方案应由（　　　）组织审核。

A. 建设单位   B. 监理机构

C. 监督机构   D. 施工单位技术部门

19. 建设工程组织流水施工时，用来表达流水施工在施工工艺方面进展状态的参数是（　　　）。

A. 工作面和流水节拍   B. 流水步距和流水强度

C. 施工过程和流水强度   D. 施工过程和流水节拍

20. 某工程有 3 个施工过程，分 4 个施工段，组织加快的成倍节拍流水施工，3 个施工过程的流水节拍分别为 4 天、2 天、4 天，则流水施工工期为（   ）天。

A. 10   B. 12

C. 16   D. 18

21. 双代号网络计划中，关于关键节点的说法正确的是（   ）。

A. 关键工作两端的节点必然是关键节点

B. 关键节点的最早时间与最迟时间必然相等

C. 关键节点组成的线路必然是关键线路

D. 两端为关键节点的工作必然是关键工作

22. 根据《标准设计施工总承包招标文件》（2012 年版），合同文件包括下列内容：①发包人要求，②中标通知书，③承包人建议，仅就上述三项内容而言，合同文件优先解释顺序为（   ）。

A. ①②③   B. ②①③

C. ③①②   D. ③②①

23. 保证工程项目管理信息系统正常运行的基础是（   ）。

A. 结构化数据   B. 信息管理制度

C. 计算机网络环境   D. 信息编码体系

24. 借款 1 000 万，借款期为四年，年利率 6%，复利计息，年末结息。第四年末需向银行支付（   ）万元。

A. 1 030   B. 1 060

C. 1 240   D. 1 262

25. 某笔借款年利率 6%，每季度复利计息一次，则该笔借款的年实际利率为（   ）。

A. 6.03%   B. 6.05%

C. 6.14%   D. 6.17%

26. 将投资方案经济效果评价方法划分为静态评价方法和动态评价方法的依据是计算是否考虑了（   ）。

A. 通货膨胀   B. 资金时间价值

C. 建设期利息   D. 建设期长短

27. 某投资方案计算期现金流量如下表，该投资方案的静态投资回收期为（   ）年。

年 份	0	1	2	3	4	5
净现金流量（万元）	−1 000	−500	600	800	800	800

A. 2.143   B. 3.125

C. 3.143   D. 4.125

28. 工程项目盈亏平衡分析的特点是（　　　）。

A. 能够预测项目风险发生的概率，但不能确定项目风险的影响程度

B. 能够确定项目风险的影响范围，但不能量化项目风险的影响效果

C. 能够分析产生项目风险的根源，但不能提出对应项目风险的策略

D. 能够度量项目风险的大小，但不能揭示产生项目风险的根源

29. 下列影响因素中，用来确定基准收益率的基础因素是（　　　）。

A. 资金成本和机会成本　　　　　　B. 机会成本和投资风险

C. 投资风险和通货膨胀　　　　　　D. 通货膨胀和资金成本

30. 利用净现值法进行互斥方案比选，甲和乙两个方案的计算期分别为 3 年、4 年，则在最小公倍数法下，甲方案的循环次数是（　　　）次。

A. 3　　　　　　　　　　　　　　B. 4

C. 7　　　　　　　　　　　　　　D. 12

31. 价值工程应用中，对产品进行分析的核心是（　　　）。

A. 产品的结构分析　　　　　　　　B. 产品的材料分析

C. 产品的性能分析　　　　　　　　D. 产品的功能分析

32. 应用 ABC 分析法选择价格工程对象时，划分 A 类、B 类、C 类零部件的依据是（　　　）。

A. 零部件数量及成本占产品零部件总数及总成本的比重

B. 零部件价值及成本占产品价值及总成本的比重

C. 零部件的功能重要性及成本占产品总成本的比重

D. 零部件的材质及成本占产品总成本的比重

33. 某产品由 5 个部件组成，产品的某项功能由其中 3 个部件共同实现，三个部件共有 4 个功能，关于该功能成本的说法，正确的是（　　　）。

A. 该项功能成本为产品总成本的 60%

B. 该项功能成本占全部功能成本比超过 50%

C. 该项功能成本为 3 个部件相应成本之和

D. 该项功能为承担该功能的 3 个部件成本之和

34. 价值工程应用中，采用 0—4 评分法确定的产品各部分功能得分见下表，则部件 Ⅱ 的功能重要性系数是（　　　）。

部件	Ⅰ	Ⅱ	Ⅲ	Ⅳ	Ⅴ
Ⅰ	×	2	4	3	1
Ⅱ		×	3	4	2
Ⅲ			×	1	3
Ⅳ				×	2
Ⅴ					×

A. 0.125
B. 0.150
C. 0.250
D. 0.275

35. 对于已确定的日供水量的城市供水项目，进行工程成本评价应采用（　　）。

A. 费用效率法
B. 固定费用法
C. 固定效率法
D. 权衡分析法

36. 根据《国务院关于决定调整固定资产投资项目资本金比例的通知》，投资项目最低比例要求为 40% 的是（　　）。

A. 钢铁、电解铝项目
B. 铁路、公路项目
C. 玉米深加工项目
D. 普通商品住房项目

37. 既有法人可用于项目资金的外部资金是（　　）。

A. 企业在银行的存款
B. 企业产权转让
C. 企业生产经营收入
D. 国家预算内投资

38. 企业通过发行债券进行筹资的优点是（　　）。

A. 降低企业总资金成本
B. 发挥财务杠杆作用
C. 提升企业经营灵活性
D. 减少企业财务风险

39. 下列资金成本中，可用来比较各种融资方式优劣的是（　　）资金成本。

A. 综合
B. 边际
C. 个别
D. 债务

40. 某公司发行优先股股票，票面额按正常市价计算为 400 万元，筹资费率为 5%，每年股息率为 15%，公司所得税税率为 25%，则优先股股票发行成本率为（　　）。

A. 5.89%
B. 7.84%
C. 11.84%
D. 15.79%

41. 关于融资中每股收益与资本结构、销售水平之间关系的说法，正确的是（　　）。

A. 每股收益既受资本结构的影响，也受销售水平的影响
B. 每股收益受资本结构的影响，但不受销售水平的影响
C. 每股收益不受资本结构的影响，但受销售水平的影响
D. 每股收益既不受资本结构的影响，也不受销售水平的影响

42. 为了减少项目投资风险，在工程建设方面可要求工程承包公司提供（　　）的合同。

A. 固定价格、可调工期
B. 固定价格、固定工期
C. 可调价格、固定工期
D. 可调价格、可调工期

43. 按照项目融资程序，需要在融资决策分析阶段进行的工作是（　　）。

A. 任命项目融资顾问
B. 确定项目投资结构
C. 评价项目融资结构
D. 分析项目风险因素

44. 下列项目融资方式中，需要利用信用增级手段使项目资产获得预期信用等级，进而在资本市场上发行债券募集资金的是（　　）方式。

A. BOT
B. PPP
C. ABS
D. TOT

45. 地方政府每一年度全部 PPP 项目预算支出占一半公共预算支出比例应当不超过（　　）。

    A. 5%　　　　　　　　　　B. 10%

    C. 15%　　　　　　　　　　D. 20%

46. 对于国家需要重点扶持的高新技术企业，减按（　　）的税率征收企业所得税。

    A. 10%　　　　　　　　　　B. 12%

    C. 15%　　　　　　　　　　D. 20%

47. 下列税种中，采用超率累进税率进行计税的是（　　）。

    A. 增值税　　　　　　　　　B. 企业所得税

    C. 契税　　　　　　　　　　D. 土地增值税

48. 可作为建筑工程一切险保险项目的是（　　）。

    A. 施工用设备　　　　　　　B. 公共运输车辆

    C. 技术资料　　　　　　　　D. 有价证券

49. 属于项目实施过程中策划内容的是（　　）。

    A. 工程项目的定义　　　　　B. 项目建设规模策划

    C. 项目合同结构策划　　　　D. 总体融资方案策划

50. 下列工程项目经济评价，可用于项目经济分析的参数是（　　）。

    A. 社会折现率　　　　　　　B. 财务净现值

    C. 净利润　　　　　　　　　D. 市场利率

51. 造价控制目标分解的合理步骤是（　　）。

    A. 投资限额→各专业设计限额→各专业设计人员目标

    B. 投资限额→各专业设计人员目标→各专业设计限额

    C. 各专业设计限额→各专业设计人员目标→设计概算

    D. 各专业设计人员目标→各专业设计限额→设计概算

52. 预算审查方法中，应用范围相对较小的方法是（　　）。

    A. 全面审查法　　　　　　　B. 重点抽查法

    C. 分解对比审查法　　　　　D. 标准预算审查法

53. 下列不同计价方式的合同中，施工承包单位承担造价控制风险最小的合同是（　　）。

    A. 成本加浮动酬金合同　　　B. 单价合同

    C. 成本加固定酬金合同　　　D. 总价合同

54. 根据《标准施工招标文件》，合同价格的准确数据只有在（　　）后才能确定。

    A. 后续工程不再发生工程变更　　B. 承包人完成缺陷责任期工作

    C. 工程审计全部完成　　　　D. 竣工结算价款支付完成

55. 发包人最迟应当在监理人收到进度付款申请单的（　　）天内，将进度应付款支付给承包人。

    A. 14　　　　　　　　　　B. 21

    C. 28　　　　　　　　　　D. 35

56. 按工程进度编制施工阶段资金使用计划，首先要进行的工作是（　　）。

A. 计算单位时间的资金支出目标

B. 编制工程施工进度计划

C. 编制资金使用时间进度计划 S 曲线

D. 计算规定时间内的累计资金支出额

57. 施工项目经理部成本核算账务体系应以（　　）为对象。

    A. 单项工程　　　　　　　　　　B. 单位工程

    C. 分部工程　　　　　　　　　　D. 分项工程

58. 工程施工过程中，对于施工承包单位要求的工程变更。施工承包单位提出的程序是（　　）。

    A. 向建设单位提出书面变更请求，阐明变更理由

    B. 向设计单位提出书面变更建议，并附变更图纸

    C. 向监理人提出书面变更通知，并附变更详情

    D. 向监理人提出书面变更建议，阐明变更依据

59. 工程竣工结算审查时，对变更签证凭据审查的主要内容是其真实性、合法性和（　　）。

    A. 严密性　　　　　　　　　　　B. 包容性

    C. 可行性　　　　　　　　　　　D. 有效性

60. 某工程合同约定以银行保函替代预留工程质量保证金，合同签约价为 800 万元，工程价款结算总额为 780 万元，依据《建设工程质量保证金管理办法》，该保函金额最多为（　　）万元。

    A. 15.6　　　　　　　　　　　　B. 16.0

    C. 23.4　　　　　　　　　　　　D. 24.0

二、多项选择题（共 20 题，每题 2 分。每题的备选项中，有 2 个或 2 个以上符合题意，至少有 1 个错项。错选，本题不得分；少选，所选的每个选项得 0.5 分）

61. 按国际造价管理联合会（ICEC）给出的定义，全面造价管理是指有效地利用专业知识与技术，对（　　）进行筹划和控制。

    A. 过程　　　　　　　　　　　　B. 资源

    C. 成本　　　　　　　　　　　　D. 盈利

    E. 风险

62. 根据《工程造价咨询企业管理办法》，属于工程造价咨询业务范围的工作有（　　）。

    A. 项目经济评价报告编制　　　　B. 工程竣工决算报告编制

    C. 项目设计方案比选　　　　　　D. 工程索赔费用计算

    E. 项目概预算审批

63. 根据《建设工程安全生产管理条例》，下列安全生产责任中，属于建设单位安全责任的有（　　）。

    A. 确定建设工程安全作业环境及安全施工措施所需费用并纳入工程概算

    B. 对采用新结构的建设工程，提出保障施工作业人员安全的措施建议

C. 拆除工程施工前，将拟拆除建筑物的说明、拆除施工组织方案等资料报有关部门备案

D. 建立健全安全生产责任制度，制定安全生产规章制度和操作规程

E. 对达到一定规模的危险性较大的分部分项工程编制专项施工方案，并附具安全验算结果

64. 下列行为中，属于招标人与投标人串通投标的有（　　）。

A. 招标人明示投标人压低投标报价

B. 招标人授意投标人修改投标文件

C. 招标人向投标人公布招标控制价

D. 招标人向投标人透漏招标标底

E. 招标人组织投标人进行现场踏勘

65. 关于可变更或可撤销合同的说法，正确的有（　　）。

A. 因重大误解订立的合同属于可变更或可撤销合同

B. 违反法律、行政法规强制性规定的合同为可撤销合同

C. 可撤销合同的撤销权并不因当事人的放弃而消灭

D. 可撤销合同被撤销前取得的财产不需返还

E. 当事人请求变更的合同，人民法院或仲裁机构不得撤销

66. 项目管理采用矩阵制组织机构形式的特点有（　　）。

A. 组织机构稳定性强　　　　B. 容易造成职责不清

C. 组织机构灵活性大　　　　D. 组织机构机动性强

E. 每一个成员受双重领导

67. 下列工程项目目标控制方法中，可用来控制工程造价和工程进度的方法有（　　）。

A. 香蕉曲线法　　　　　　　B. 目标管理法

C. S 曲线法　　　　　　　　D. 责任矩阵法

E. 因果分析图法

68. 建设工程组织固定节拍流水施工的特点有（　　）。

A. 专业工作队数大于施工过程数

B. 施工段之间没有空闲时间

C. 相邻施工过程的流水步距相等

D. 各施工段上的流水节拍相等

E. 各专业工作队能够在各施工段上连续作业

69. 工程网络计划优化是指（　　）的过程。

A. 寻求工程总成本最低时工期安排

B. 使计算工期满足要求工期

C. 按要求工期寻求最低成本

D. 在工期保持不变的条件下使资源需用量最少

E. 在满足资源限制条件下使工期延长最少

70. 根据九部委联合发布的《标准材料采购招标文件》和《标准设备采购招标文件》，

关于当事人义务的说法，正确的有（　　）。

A. 迟延交付违约金的总额不得超过合同价格的 5%

B. 支付迟延交货违约金不能免除卖方继续交付合同材料的义务

C. 采购合同订立时的卖方营业地为标的物交付地

D. 卖方在交货时应将产品合格证随同产品交买方据以验收

E. 迟延付款违约金的总额不得超过合同价格的 10%

71. 某人向银行申请住房按揭贷款 50 万元，期限 10 年，年利率为 4.8%，还款方式为按月等额本息还款，复利计息。关于该项贷款的说法，正确的有（　　）。

A. 宜采用偿债基金系数直接计算每月还款额

B. 借款年名义利率为 4.8%

C. 借款的还款期数为 120 期

D. 借款期累计支付利息比按月等额本金还款少

E. 该项借款的月利率为 0.4%

72. 关于投资方案基准收益率的说法，正确的有（　　）。

A. 所有投资项目均应使用国家发布的行业基准收益率

B. 基准收益率反映投资资金应获得的最低盈利水平

C. 确定基准收益率不应考虑通货膨胀的影响

D. 基准收益率是评价投资方案在经济上是否可行的依据

E. 基准收益率一般等于商业银行贷款基准利率

73. 价值工程应用中，研究对象的功能价值系数小于 1 时，可能的原因有（　　）。

A. 研究对象的功能现实成本小于功能评价值

B. 研究对象的功能比较重要，但分配的成本偏小

C. 研究对象可能存在过剩功能

D. 研究对象实现功能的条件或方法不佳

E. 研究对象的功能现实成本偏低

74. 下列费用中，属于资金筹集成本的有（　　）。

A. 股票发行手续费　　　　　　　B. 建设投资贷款利息

C. 债券发行公证费　　　　　　　D. 股东所得红利

E. 债券发行广告费

75. 与 BOT 融资方式相比，ABS 融资方式的优点有（　　）。

A. 便于引入先进技术　　　　　　B. 融资成本低

C. 适用范围广　　　　　　　　　D. 融资风险与项目未来收入无关

E. 风险分散度高

76. 关于建筑意外伤害保险的说法，正确的有（　　）。

A. 建筑意外伤害保险以工程项目为投保单位

B. 建筑意外伤害保险应实行记名制投保方式

C. 建筑意外伤害保险实行固定费率

D. 建筑意外伤害保险不只局限于施工现场作业人员

E. 建筑意外伤害保险期间自开工之日起最长不超过五年

77. 投资方案现金流量表中，经营成本的组成项有（ ）。

A. 折旧费　　　　　　　　　　B. 摊销费

C. 修理费　　　　　　　　　　D. 利息支出

E. 外购原材料、燃料及动力费

78. 施工成本分析的基本方法有（ ）。

A. 经验判断法　　　　　　　　B. 专家意见法

C. 比较法　　　　　　　　　　D. 因素分析法

E. 比率法

79. 施工合同有多种类型，下列工程中不宜采用总价合同的有（ ）。

A. 没有施工图纸的灾后紧急恢复工程

B. 设计深度不够，工程量清单不够明确的工程

C. 已完成施工图审查的单体住宅工程

D. 工程内容单一，施工图设计已完成的路面铺装工程

E. 采用较多新技术、新工艺的工程

80. 已完成工程计划费用 1 200 万元，已完工程实际费用 1 500 万元，拟完工程计划费用 1 300 万元，关于偏差正确的是（ ）。

A. 进度提前 300 万元　　　　　B. 进度拖后 100 万元

C. 费用节约 100 万元　　　　　D. 工程盈利 300 万元

E. 费用超支 300 万元

2019 年全国一级造价工程师职业资格考试试卷 参考答案及详解

一、单项选择题

1. B	2. D	3. D	4. A	5. C
6. C	7. A	8. D	9. B	10. D
11. C	12. A	13. D	14. D	15. C
16. A	17. A	18. D	19. C	20. C
21. A	22. B	23. C	24. C	25. C
26. B	27. C	28. C	29. A	30. C
31. D	32. A	33. D	34. D	35. C
36. A	37. D	38. D	39. C	40. D
41. A	42. B	43. A	44. C	45. B
46. C	47. D	48. D	49. C	50. A
51. A	52. D	53. C	54. B	55. C
56. B	57. B	58. D	59. D	60. C

【解析】

1. 本题的考点为建设工程静态投资。建设投资可以分为静态投资部分和动态投资部分。静态投资部分由建筑安装工程费、设备和工器具购置费、工程建设其他费和基本预备费以及因工程量误差而引起的工程造价增减值等。静态投资和动态投资密切相关，动态投资除包括静态投资外，还包括建设期贷款利息、涨价预备费等。

2. 本题的考点为工程造价控制手段。技术与经济相结合是控制工程造价最有效的手段。

3. 本题的考点为注册造价工程师的执业范围。二级造价工程师主要协助一级造价工程师开展相关工作，可独立开展以下具体工作：①建设工程工料分析、计划、组织与成本管理，施工图预算、设计概算的编制；②建设工程量清单、最高投标限价、投标报价的编制；③建设工程合同价款、结算价款和竣工决算价款的编制。

4. 本题的考点为乙级工程造价咨询企业资质标准。乙级工程造价咨询企业的专职专业人员不少于 12 人，其中，具有工程或者工程经济类中级以上专业技术职称的人员不少于 8 人，注册造价工程师不少于 6 人，其他人员均需要具有从事工程造价专业工作的经历。

5. 本题的考点为 JCT 合同体系。JCT 合同体系是英国的主要合同体系之一，主要适用于房屋建筑工程。

6. 本题的考点为竣工验收备案的时限。建设单位应当自建设工程竣工验收合格之日起 15 日内，将建设工程竣工验收报告和规划、公安消防、环保等部门出具的认可文件或者准许使用文件报建设行政主管部门或者其他有关部门备案。

7. 本题的考点为建设单位的安全责任。建设单位应当向施工单位提供施工现场及毗邻区域内供水、排水、供电、供气、供热、通信、广播电视等地下管线资料，气象和水文观测资料，相邻建筑物和构筑物、地下工程的有关资料，并保证资料的真实、准确、完整。

8. 本题的考点为投标保证金。如招标人在招标文件中要求投标人提交投标保证金，投标保证金不得超过招标项目估算价的2%。投标保证金有效期应当与投标有效期一致。

9. 本题的考点为政府采购合同。政府采购合同履行中，采购人需追加与合同标的相同的货物、工程或服务的，在不改变合同其他条款的前提下，可以与供应商协商签订补充合同，但所有补充合同的采购金额不得超过原合同采购金额的10%。

10. 本题的考点为格式条款。对格式条款的理解发生争议的，应当按照通常理解予以解释。对格式条款有两种以上解释的，应当做出不利于提供格式条款一方的解释。

11. 本题的考点为政府的定价行为。地方定价目录由省、自治区、直辖市人民政府价格主管部门按照中央定价目录规定的定价权限和具体适用范围制定，经本级人民政府审核同意，报国务院价格主管部门审定后公布。

12. 本题的考点为政府投资项目。政府投资项目一般要经过符合资质要求的咨询中介机构的评估论证，特别重大的项目还应实行专家评议制度。国家将逐步实行政府投资项目公示制度，以广泛听取各方面的意见和建议。

13. 本题的考点为全过程工程咨询。近年来推行的"全过程工程咨询"就是将传统"碎片化"咨询转变为"集成化"咨询的重要体现。

14. 本题的考点为工程项目管理制度。建设项目董事会的职权有：负责筹措建设资金，审核、上报项目初步设计和概算文件；审核、上报年度投资计划并落实年度资金；提出项目开工报告；研究解决建设过程中出现的重大问题；负责提出项目竣工验收申请报告；审定偿还债务计划和生产经营方针，并负责按时偿还债务，聘任或解聘项目总经理，并根据总经理的提名，聘任或解聘其他高级管理人员。

15. 本题的考点为工程代建制。工程代建制是一种针对非经营性政府投资项目的建设实施组织方式，专业化的工程项目管理单位作为代建单位，在工程项目建设过程中按照委托合同的约定代行建设单位职责。

16. 本题的考点为CM承包模式。选项B错误，CM承包模式在工程设计尚未结束之前，当工程某些部分的施工图设计已经完成时，就开始进行该部分工程的施工招标，从而使这部分工程的施工提前到工程项目的设计阶段。选项C错误，承包模式是指由建设单位委托一家单位承担项目管理工作，该单位以承包单位的身份进行施工管理，并在一定程度上影响工程设计活动。选项A正确，CM承包模式组织快速路径的生产方式，使工程项目实现有条件的"边设计、边施工"。选项D错误，采用CM承包模式时，施工任务要进行多次分包，施工合同总价不是一次确定，而是有一部分完整施工图纸，就分包一部分，将施工合同总价化整为零。而且每次分包都通过招标展开竞争，每个分包合同价格都通过谈判进行详细讨论，从而使各个分包合同价格汇总后形成的合同总价更具合理性。

17. 本题的考点为工程项目目标控制方法。采用动态分析方法，可以随时了解生产过程中的质量变化情况，及时采取措施，使生产处于稳定状态，起到预防出现废品的作用。控制图法就是一种典型的动态分析方法。

18. 本题的考点为专项施工方案。专项施工方案应当由施工单位技术部门组织本单位施工技术、安全、质量等部门的专业技术人员进行审核。

19. 本题的考点为流水施工参数。工艺参数主要是指在组织流水施工时，用以表达流水施工在施工工艺方面进展状态的参数，通常包括施工过程和流水强度两个参数。

20. 本题的考点为异节奏流水施工。加快的成倍节拍流水施工工期 $T=(m+n-1)\times K+\sum G+\sum Z-\sum C$。

施工队数 $n=4/2+2/2+4/2=5$（队）。

所以 $T=(4+5-1)\times 2=16$（天）。

21. 本题的考点为双代号网络计划。在双代号网络计划中，关键线路上的节点称为关键节点。关键工作两端的节点必为关键节点，但两端为关键节点的工作不一定是关键工作。关键节点的最迟时间与最早时间的差值最小。特别是当网络计划的计划工期等于计算工期时，关键节点的最早时间与最迟时间必然相等。关键节点必然处在关键线路上，但关键节点组成的线路不一定是关键线路。

22. 本题的考点为工程总承包合同文件解释顺序。合同协议书与下列文件一起构成合同文件：①中标通知书；②投标函及投标函附录；③专用合同条款；④通用合同条款；⑤发包人要求；⑥价格清单；⑦承包人建议；⑧其他合同文件。

上述文件互相补充和解释，如有不明确或不一致之处，以合同约定次序在先者为准。

23. 本题的考点为工程项目信息管理实施策略。信息管理制度是工程项目管理信息系统得以正常运行的基础，建立制度的目的就是为了规范信息管理工作，规范和统一信息编码体系，规范和统一信息的输入和输出报表，规范工程项目信息流，促进工程项目管理工作的规范化、程序化和科学化。

24. 本题的考点为利息计算。第四年末支付的本利和 $=1\,000\times(1+6\%)^4=1\,262.5$（万元）。

25. 本题的考点为年实际利率。该笔借款的年实际利率 $=(1+6\%/4)^4-1=6.14\%$。

26. 本题的考点为经济效果评价方法。按是否考虑资金时间价值，经济效果评价方法又可分为静态评价方法和动态评价方法。

27. 本题的考点为静态投资回收期。根据公式

$$P_t=\frac{TI}{A}$$

式中：TI——项目总投资；

A——每年净收益，即 $A=(CI-CO)$。

所以 $P_t=4-1+100/800=3.125$（年）。

28. 本题的考点为项目盈亏平衡分析的特点。盈亏平衡分析虽然能够度量项目风险的大小，但并不能揭示产生项目风险的根源。

29. 本题的考点为基准收益率。资金成本和投资机会成本是确定基准收益率的基础，投资风险和通货膨胀是确定基准收益率必须考虑的影响因素。

30. 本题的考点为动态评价方法。最小公倍数法（又称方案重复法）是以各备选方案

计算期的最小公倍数作为比选方案的共同计算期，并假设各个方案均在共同的计算期内重复进行。本题中共同计算期为 12 年，所以甲方案循环次数 12/3=4（次）。

31. 本题的考点为价值工程的核心。价值工程的核心是对产品进行功能分析。

32. 本题的考点为 ABC 分析法。在价值工程中，ABC 分析法的基本思路是：首先将一个产品的各种部件（或企业各种产品）按成本的大小由高到低排列起来，然后绘成费用累积分配图。然后将占总成本 70% ~ 80% 而占零部件总数 10% ~ 20% 的零部件划分为 A 类部件，将占总成本 5% ~ 10% 而占零部件总数 60% ~ 80% 的零部件划分为 C 类，其余为 B 类。

33. 本题的考点为功能评价。当一个零部件只具有一个功能时，该零部件的成本就是其本身的功能成本；当一项功能由多个零部件共同实现时，该功能的成本就等于这些零部件的功能成本之和。当一个零部件具有多项功能或与多项功能有关时，就需要将零部件成本根据具体情况分摊给各项有关功能。

34. 本题的考点为运用 0—4 评分法确定产品各部分的功能重要性系数。0—4 评分法档次划分如下：

（1）F_1 比 F_2 重要得多：F_1 得 4 分，F_2 得 0 分；

（2）F_1 比 F_2 重要：F_1 得 3 分，F_2 得 1 分；

（3）F_1 和 F_2 同等重要：F_1 得 2 分，F_2 得 2 分；

（4）F_1 不如 F_2 重要：F_1 得 1 分，F_2 得 3 分；

（5）F_1 远不如 F_2 重要：F_1 得 0 分，F_2 得 4 分。

本题中产品各部分功能重要性系数打分矩阵见下表。

部件	I	II	III	IV	V	功能得分	功能重要性系数
I	×	2	4	3	1	10	0.250
II	2	×	3	4	2	11	0.275
III	0	1	×	1	3	5	0.125
IV	1	0	3	×	2	6	0.150
V	3	2	1	×		8	0.200
合计						40	1.000

由上表可知，部件 II 的功能重要性系数是 0.275。

35. 本题的考点为固定效率法和固定费用法。固定费用法是将费用值固定下来，然后选出能得到最佳效率的方案。固定效率法是将效率值固定下来，然后选取能达到这个效率而费用最低的方案。

36. 本题的考点为项目资本金占项目总投资最低比例。项目资本金占项目总投资最低比例见下表。

序号	投 资 项 目		项目资本金占项目 总投资最低比例
1	城市和交通基础设施项目	城市轨道交通项目	由 25% 调整为 20%
		港口、沿海及内河航运、机场项目	由 30% 调整为 25%
		铁路、公路项目	由 25% 调整为 20%
2	房地产开发项目	保障性住房和普通商品住房项目	维持 20% 不变
		其他项目	由 30% 调整 25%
3	产能过剩行业项目	钢铁、电解铝项目	维持 40% 不变
		水泥项目	维持 35% 不变
		煤炭、电石、铁合金、烧碱、焦炭、黄磷、多晶硅项目	维持 30% 不变
4	其他工业项目	玉米深加工项目	由 30% 调整为 20%
		化肥（钾肥除外）项目	维持 25% 不变
		电力等其他项目	维持 20% 不变

37. 本题的考点为外部资金来源。外部资金来源包括既有法人通过在资本市场发行股票和企业增资扩股，以及一些准资本金手段，如发行优先股来获取外部投资人的权益资金投入，同时也包括接受国家预算内资金为来源的融资方式。

38. 本题的考点为债券筹资的优点。债券筹资的优点：①筹资成本较低；②保障股东控制权；③发挥财务杠杆作用；④便于调整资本结构。

39. 本题的考点为资金成本的作用。工程项目筹集长期资金一般有多种方式可供选择，如长期借款、发行债券、发行股票等。运用不同的筹资方式，个别资金成本是不同的。这时，个别资金成本的高低可作为比较各种融资方式优劣的一个依据。

40. 本题的考点为资金成本的计算。K_p= 优先股每年股息 / [优先股票面值 × （1- 筹资费费率）] =400 × 15%/ [400 × （1-5%）] =15.79%。

41. 本题的考点为资本结构。一般来说，每股收益一方面受资本结构的影响，同样也受销售水平的影响。

42. 本题的考点为项目融资的特点。在工程建设方面，为了减少风险，可以要求工程承包公司提供固定价格、固定工期的合同，或"交钥匙"工程合同，可以要求项目设计者提供工程技术保证等。

43. 本题的考点为项目融资的程序。项目融资的程序如下图所示。

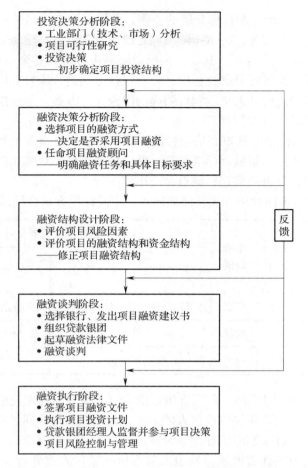

44. 本题的考点为 ABS 融资方式的运作过程。ABS 融资方式的运作过程之一是：进行信用增级，利用信用增级手段使该项目资产获得预期的信用等级。

45. 本题的考点为 PPP 项目财政承受能力论证。每一年度全部 PPP 项目需要从预算中安排的支出责任，占一般公共预算支出比例应当不超过 10%。

46. 本题的考点为所得税税率。国家需要重点扶持的高新技术企业，减按 15% 的税率征收企业所得税。

47. 本题的考点为土地增值税税率。土地增值税实行四级超率累进税率。

48. 本题的考点为建筑工程一切险的保险项目。货币、票证、有价证券、文件、账簿、图表、技术资料，领有公共运输执照的车辆、船舶以及其他无法鉴定价值的财产，不能作为建筑工程一切险的保险项目。

49. 本题的考点为工程项目实施过程策划。工程项目实施过程策划是对工程项目实施的任务分解和组织工作策划，包括设计、施工、采购任务的招投标，合同结构，项目管理机构设置、工作程序、制度及运行机制，项目管理组织协调，管理信息收集、加工处理和应用等。

50. 本题的考点为项目经济分析的主要标准和参数。项目经济分析的主要标准和参数是净收益、经济净现值、社会折现率等。

51. 本题的考点为造价控制目标分解的步骤。分解工程造价目标是实行限额设计的一个有效途径和主要方法。首先，将上一阶段确定的投资额分解到建筑、结构、电气、给排水和暖通等设计部门的各个专业。其次，将投资限额再分解到各个单项工程、单位工程、分部工程及分项工程。在目标分解过程中，要对设计方案进行综合分析与评价。最后，将各细化的目标明确到相应设计人员，制订明确的限额设计方案。通过层层目标分解和限额设计，实现对投资限额的有效控制。

52. 本题的考点为标准预算审查法。标准预算审查法，是指对于利用标准图纸或通用图纸施工的工程，先集中力量编制标准预算，然后以此为标准对施工图预算进行审查。其优点是审查时间较短，审查效果好；缺点是应用范围较小。

53. 本题的考点为不同计价方式合同的比较。不同计价方式合同的比较见下表。

合同类型	总价合同	单价合同	成本加酬金合同			
			百分比酬金	固定酬金	浮动酬金	目标成本加奖罚
应用范围	广泛	广泛	有局限性	有局限性	有局限性	酌情
建设单位造价控制	易	较易	最难	难	不易	有可能
施工承包单位风险	大	小	基本没有		不大	有

54. 本题的考点为合同价格。合同价格是指承包人按合同约定完成包括缺陷责任期内的全部承包工作后，发包人应付给承包人的金额，包括在履行合同过程中按合同约定进行的变更、价款调整、通过索赔应予补偿的金额。

55. 本题的考点为工程进度款。发包人最迟应在监理人收到进度付款申请单后的28天内，将进度应付款支付给承包人。

56. 本题的考点为按工程进度编制资金使用计划。按工程进度编制资金使用计划的步骤如下：①编制工程施工进度计划；②计算单位时间的资金支出目标；③计算规定时间内的累计资金支出额；④绘制资金使用时间进度计划的S曲线。

57. 本题的考点为成本核算。施工项目经理部应建立和健全以单位工程为对象的成本核算账务体系。

58. 本题的考点为施工承包单位要求的变更。施工承包单位收到监理人按合同约定发出的图纸和文件，经检查认为其中存在属于变更范围的情形，可向监理人提出书面变更建议。变更建议应阐明要求变更的依据，并附必要的图纸和说明。

59. 本题的考点为施工承包单位内部审查。审查变更签证凭据的真实性、合法性、有效性，核准变更工程费用。

60. 本题的考点为工程质量保证金的预留。合同约定由承包人以银行保函替代预留保证金的，保函金额不得高于工程价款结算总额的3%。780×3%=23.4（万元）。

二、多项选择题

61. BCDE   62. ABD   63. AC   64. ABD   65. AE

66. CDE	67. AC	68. BCDE	69. ABCE	70. BDE
71. BCE	72. BD	73. CD	74. ACE	75. BCE
76. ADE	77. CE	78. CDE	79. ABE	80. BE

【解析】

61. 本题的考点为工程造价管理的基本内涵。按照国际造价管理联合会给出的定义，全面造价管理是指有效地利用专业知识与技术，对资源、成本、盈利和风险进行筹划和控制。

62. 本题的考点为工程造价咨询业务范围。工程造价咨询业务范围包括：

（1）建设项目建议书及可行性研究投资估算、项目经济评价报告的编制和审核。

（2）建设项目概预算的编制与审核，并配合设计方案比选、优化设计、限额设计等工作进行工程造价分析与控制。

（3）建设项目合同价款的确定（包括招标工程工程量清单和标底、投标报价的编制和审核）。合同价款的签订与调整（包括工程变更、工程洽商和索赔费用的计算）与工程款支付，工程结算、竣工结算和决算报告的编制与审核等。

（4）工程造价经济纠纷的鉴定和仲裁的咨询。

（5）提供工程造价信息服务等。

63. 本题的考点为建设单位的安全责任。采用新结构、新材料、新工艺的建设工程和特殊结构的建设工程，设计单位应当在设计中提出保障施工作业人员安全和预防生产安全事故的措施建议，故选项 B 错误。施工单位应当建立健全安全生产责任制度，制定安全生产规章制度和操作规程，故选项 D 错误。施工单位应当在施工组织设计中编制安全技术措施和施工现场临时用电方案，对达到一定规模的危险性较大的分部分项工程编制专项施工方案，并附具安全验算结果，故选项 E 错误。

64. 本题的考点为招标人与投标人串通投标。有下列情形之一的，属于招标人与投标人串通投标：①招标人在开标前开启投标文件并将有关信息泄露给其他投标人；②招标人直接或者间接向投标人泄露标底、评标委员会成员等信息；③招标人明示或者暗示投标人压低或者抬高投标报价；④招标人授意投标人撤换、修改投标文件；⑤招标人明示或者暗示投标人为特定投标人中标提供方便；⑥招标人与投标人为谋求特定投标人中标而采取的其他串通行为。

65. 本题的考点为合同的效力。当事人一方有权请求人民法院或者仲裁机构变更或者撤销的合同有：①因重大误解订立的；②在订立合同时显失公平的。

一方以欺诈、胁迫的手段或者乘人之危，使对方在违背真实意思的情况下订立的合同，受损害方有权请求人民法院或者仲裁机构变更或者撤销。当事人请求变更的，人民法院或者仲裁机构不得撤销，故选项 A、E 正确。违反法律，行政法规强制性规定的合同为无效合同，故选项 B 错误。具有撤销权的，但是知道撤销事由后明确表示或者以自己的行为放弃撤销权的，撤销权消灭，故选项 C 错误。当事人依据无效合同或者被撤销的合同所取得的财产，应当予以返还；不能返还或者没有必要返还的，应当折价补偿，故选项 D 错误。

66. 本题的考点为矩阵制组织机构的优缺点。矩阵制组织机构的优点是能根据工程任务的实际情况灵活地组建与之相适应的管理机构，具有较大的机动性和灵活性。它实现了集权与分权的最优结合，有利于调动各类人员的工作积极性，使工程项目管理工作顺利地进行。但是，矩阵制组织机构经常变动，稳定性差，尤其是业务人员的工作岗位频繁调动。此外，矩阵中的每一个成员都受项目经理和职能部门经理的双重领导，如果处理不当，会造成矛盾，产生扯皮现象。

67. 本题的考点为工程项目目标控制方法。与 S 曲线法相同，香蕉曲线同样可用来控制工程造价和工程进度。

68. 本题的考点为固定节拍流水施工的特点。固定节拍流水施工是一种最理想的流水施工方式，其特点如下：①所有施工过程在各个施工段上的流水节拍均相等；②相邻施工过程的流水步距相等，且等于流水节拍；③专业工作队数等于施工过程数，即每一个施工过程成立一个专业工作队，由该队完成相应施工过程所有施工段上的任务；④各个专业工作队在各施工段上能够连续作业，施工段之间没有空闲时间。

69. 本题的考点为网络计划优化。根据优化目标的不同，网络计划优化可分为工期优化、费用优化和资源优化三种：①工期优化，是指网络计划的计算工期不满足要求工期时，通过压缩关键工作的持续时间以满足要求工期目标的过程；②费用优化，又称工期成本优化，是指寻求工程总成本最低时的工期安排，或按要求工期寻求最低成本的计划安排的过程；③资源优化，在通常情况下，网络计划的资源优化分为两种，即"资源有限，工期最短"的优化和"工期固定，资源均衡"的优化。前者是通过调整计划安排，在满足资源限制条件下，使工期延长最少的过程。而后者是通过调整计划安排，在工期保持不变的条件下，使资源需用量尽可能均衡的过程。

70. 本题的考点为材料采购合同的履行。迟延交付违约金的最高限额为合同价格的10%，故选项 A 错误。卖方未能按时交付合同材料的，应向买方支付迟延交货违约金。卖方支付迟延交货违约金，不能免除其继续交付合同材料的义务，除专用合同条款另有约定外，故选项 B 正确。交付地点应在合同指定地点。合同双方当事人应当约定交付标的物的地点，如果当事人没有约定交付地点或者约定不明确，事后没有达成补充协议，也无法按照合同有关条款或者交易习惯确定，则适用下列规定：标的物需要运输的，卖方应当将标的物交付给第一承运人以运交给买方；标的物不需要运输的，买卖双方在订立合同时知道标的物在某一地点的，卖方应当在该地点交付标的物；不知道标的物在某一地点的，应当在卖方合同订立时的营业地交付标的物，故选项 C 错误。卖方在交货时，应将产品合格证随同产品交买方据以验收。买方在收到标的物时，应在约定的检验期内检验，没有约定检验期间的，应当及时检验，故选项 D 正确。迟延付款违约金的总额不得超过合同价格的10%，故选项 E 正确。

71. 本题的考点为等值计算方法。宜采用资金回收系数计算，故选项 A 错误。若月利率为1%，则年名义利率为12%。计算名义利率时忽略了前面各期利息再生利息的因素，这与单利的计算相同。反过来，若年利率为12%。按月计息，则月利率为1%（计息周期利率）。而年利率为12%（利率周期利率）同样是名义利率。通常所说的利率周期利率都是名义利率，故选项 B 正确。贷款期限是10年，还款方式是按月等额本息还款，则还款期限是120个月，故选项 C 正确。等额还本、利息照付是在每年等额还本的同时，支付逐年相应减少的利息。等额本息是每年偿还的本息之和相等，而本金和利息各年不等。偿还的本金部分逐年增多，支付的利息部分逐年减少。此题中等额本息的还款方式的利息是要比等额本息的利息多，故选项 D 错误。月利率为 4.8%/12=0.4%，故选项 E 正确。

72. 本题的考点为投资方案基准收益率。对于政府投资项目，进行经济评价时使用的基准收益率是由国家组织测定并发布的行业基准收益率；非政府投资项目，可由投资者自行确定基准收益率，故选项 A 错误。基准收益率的确定一般以行业的平均收益率为基础，同时综合考虑资金成本、投资风险、通货膨胀以及资金限制等影响因素，故选项 C 错误。当项目投资由自有资金和贷款组成时，最低收益率不应低于行业基准收益率与贷款利率的加权平均收益率，故选项 E 错误。

73. 本题的考点为功能评价。$V<1$，即功能现实成本大于功能评价值。表明评价对象的现实成本偏高，而功能要求不高。这时，一种可能是存在过剩的功能，另一种可能是功能虽无过剩，但实现功能的条件或方法不佳，以致使实现功能的成本大于功能的现实需要。这两种情况都应列入功能改进的范围，并且以剔除过剩功能及降低现实成本为改进方向，使成本与功能比例趋于合理。

74. 本题的考点为资金成本的构成。资金筹集成本是指在资金筹集过程中所支付的各项费用，如发行股票或债券支付的印刷费、发行手续费、律师费、资信评估费、公证费、担保费、广告费等。

75. 本题的考点为项目融资的主要方式。ABS 只涉及原始权益人、SPV、证券承销商和投资者，无须政府的许可、授权、担保等，采用民间的非政府途径，过程简单，降低了融资成本，故选项 B 正确。在 ABS 融资方式中，虽在债券存续期内资产的所有权归 SPV 所有，但是资产的运营与决策权仍然归属原始权益人，SPV 不参与运营，不必担心外商或私营机构控制，因此应用更加广泛，故选项 C 正确。ABS 由众多的投资者承担，而且债券可以在二级市场上转让，变现能力强，故选项 E 正确。

76. 本题的考点为建筑意外伤害保险。有关文件规定，建筑意外伤害保险实行不记名的投保方式，故选项 B 错误。施工单位和保险公司双方根据各类风险因素商定施工人员意外伤害保险费率，实行差别费率和浮动费率，故选项 C 错误。

77. 本题的考点为投资方案现金流量表构成要素。经营成本 = 外购原材料、燃料及动力费 + 工资及福利费 + 修理费 + 其他费用。

78. 本题的考点为成本分析的基本方法。成本分析的基本方法包括比较法、因素分析法、差额计算法、比率法等。

79. 本题的考点为合同类型的选择。对于一些紧急工程（如灾后恢复工程等），要求尽快开工且工期较紧时，可能仅有实施方案，还没有施工图纸，施工承包单位不可能报出合理的价格，选择成本加酬金合同较为合适，故选项 A 当选。如果实际工程量与预计工程量可能有较大出入时，应优先选择单价合同；如果只完成工程项目的初步设计，工程量清单不够明确时，则可选择单价合同或成本加酬金合同，故选项 B 当选。如果在工程施工中有较大部分采用新技术、新工艺，建设单位和施工承包单位对此缺乏经验，又无国家标准时，为了避免投标单位盲目地提高承包价款，或由于对施工难度估计不足而导致承包亏损，不宜采用固定总价合同，而应选用成本加酬金合同，故选项 E 当选。

80. 本题的考点为工程费用动态监控。费用偏差（CV）= 已完工程计划费用

（*BCWP*）-已完工程实际费用（*ACWP*）：当 *CV*>0 时，说明工程费用节约；当 *CV*<0 时，说明工程费用超支。费用偏差 =1 200–1 500=–300，说明工程费用超支。进度偏差（*SV*）= 已完工程计划费用 –（*BCWP*）– 拟完工程计划费用（*BCWS*）。当 *SV*>0 时，说明工程进度超前；当 *SV*<0 时，说明工程进度拖后。进度偏差 =1 200–1 300=–100，说明工程进度拖后。

第四部分 同步模拟试卷及详解

同步模拟试卷一

一、单项选择题（共 60 题，每题 1 分。每题的备选项中，只有 1 个最符合题意）

1. 下列工作中，属于工程项目施工阶段造价管理内容的是（   ）。
   A. 进行招标策划
   B. 编制和审核工程量清单、招标控制价或标底
   C. 造价管理的内容
   D. 进行工程计量及工程款支付管理

2. 根据《工程造价咨询企业管理办法》，下列标准中，属于甲级工程造价咨询企业资质标准的是（   ）。
   A. 企业注册资本不少于人民币 50 万元
   B. 企业专职从事工程造价专业工作的人员中注册造价工程师不少于 6 人
   C. 专职从事工程造价专业工作的人员不少于 20 人
   D. 技术负责人从事工程造价专业工作 10 年以上

3. 工程造价咨询企业设立分支机构的，应当自领取分支机构营业执照之日起（   ）日内，持分支机构营业执照复印件等材料到分支机构工商注册所在地省、自治区、直辖市人民政府建设主管部门备案。
   A. 30   B. 45
   C. 60   D. 90

4. ENR 指数资料来源于 20 个美国城市和（   ），ENR 在这些城市中派有信息员，专门负责收集价格资料和信息。
   A. 2 个澳洲城市   B. 20 个美国城市
   C. 5 个亚洲城市   D. 2 个加拿大城市

5. 根据《建筑法》的规定，在建的建筑工程因故中止施工的，建设单位应当自中止施工之日起（   ）个月内，向发证机关报告，并按照规定做好建设工程的维护管理工作。
   A. 1   B. 3
   C. 6   D. 9

6. 美国建筑师学会（AIA）的合同条件体系中，B 系列是关于（   ）的合同文件。
   A. 发包人与承包人之间   B. 发包人与提供专业服务的建筑师之间
   C. 建筑师行业所用   D. 建筑师与提供专业服务的顾问之间

7. 根据《合同法》，要约生效的时间是（   ）。

A. 要约人发出要约时　　　　　　B. 受要约人发出承诺时

C. 要约到达受要约人时　　　　　D. 受要约人承诺到达时

8. 关于效力待定合同的说法，正确的是（　　　）。

A. 效力待定合同是无效合同

B. 效力待定合同是生效合同

C. 善意相对人有撤销的权利

D. 限制民事行为能力人订立的合同一律无效

9. 关于联合承包的说法中，错误的是（　　　）。

A. 共同承包的各方对承包合同的履行承担连带责任

B. 大型建筑工程，必须由联合体共同承包

C. 结构复杂的建筑工程，可以由两个以上的承包单位联合共同承包

D. 两个以上不同资质等级的单位实行联合共同承包的，应当按照资质等级高的单位的业务许可范围承揽工程

10. 关于建设单位质量责任和义务的说法中，错误的是（　　　）。

A. 建设单位不得将建设工程肢解发包

B. 建设单位不得任意压缩合同工期

C. 建设工程发包方不得迫使承包方以低于成本的价格竞标

D. 涉及承重结构变动的装修工程施工前，只能委托原设计单位提出设计方案

11. 按照《招标投标法》及相关规定，必须进行施工招标的工程项目是（　　　）。

A. 已通过招标方式选定的特许经营项目投资人依法能够自行建设的工程

B. 属于利用扶贫资金实行以工代赈需要使用农民工的工程

C. 施工主要技术采用特定的专利或者专有技术的工程

D. 使用国际组织贷款的项目

12. 具备独立施工条件并能形成独立使用功能的工程称为（　　　）。

A. 单项工程　　　　　　　　　　B. 单位工程

C. 分部工程　　　　　　　　　　D. 分项工程

13. 根据《关于实行建设项目法人责任制的暂行规定》，项目法人应在（　　　）正式成立。

A. 项目施工图设计文件审查通过后

B. 项目初步设计文件被批准后

C. 项目建议书被批准后

D. 项目可行性研究报告被批准后

14. 根据《国务院关于投资体制改革的决定》（国发〔2004〕20号），政府投资项目实行（　　　）。

A. 核准制　　　　　　　　　　　B. 审批制

C. 报告制　　　　　　　　　　　D. 登记备案制

15. 项目后评价的基本方法是（　　　）。

A. 对比法　　　　　　　　　　　B. 比率法

C. 动态分析法　　　　　　　　　D. 综合分析法

16. 在项目建设过程中，在批准的概算范围内对单项工程的设计进行局部调整是（ ）的职权。

    A. 项目经理   B. 项目总经理

    C. 项目董事会   D. 项目总工程师

17. 在（ ）组织机构中，各级领导不直接指挥下级，而是指挥职能部门。

    A. 直线制   B. 直线职能制

    C. 职能制   D. 矩阵制

18. 下列进度计划表中，用来明确各种设计文件交付日期，主要设备交货日期，施工单位进场日期，水、电及道路接通日期等的是（ ）。

    A. 工程项目进度平衡表   B. 工程项目施工总进度表

    C. 工程项目总进度计划表   D. 单位工程总进度计划表

19. 在开工之前由施工项目经理组织编制，并报企业管理层审批的工程项目管理文件是（ ）。

    A. 项目管理实施规划   B. 工程项目总进度计划

    C. 项目管理新增方案   D. 项目管理规划大纲

20. 某建设工程划分为 4 个施工过程、3 个施工段组织加快的成倍节拍流水施工，流水节拍分别为 4 天、6 天、4 天和 2 天，则流水步距为（ ）天。

    A. 2   B. 3

    C. 4   D. 6

21. 计划工期与计算工期相等的双代号网络计划中，某工作的开始节点和完成节点均为关键节点时，说明该工作（ ）。

    A. 一定是关键工作   B. 总时差为零

    C. 总时差等于自由时差   D. 自由时差为零

22. 某双代号网络计划见下图（单位：天），则工作 E 的自由时差为（ ）天。

    A. 0   B. 4

    C. 2   D. 15

23. 在建设工程施工方案一定的前提下，工程费用会因工期的不同而不同。随着工期的缩短，工程费用的变化趋势是（ ）。

    A. 直接费增加，间接费减少   B. 直接费和间接费均增加

    C. 直接费减少，间接费增加   D. 直接费和间接费均减少

24. 工程设计合同文件包括的下列内容中，设计合同文件解释顺序最优的是（ ）。

    A. 专用合同条款   B. 中标通知书

    C. 通用合同条款   D. 设计费用清单

25. 某建设工程施工合同约定价款为 1 亿元。施工成本为 0.9 亿元，按发包人核算造价为 0.93 亿元，按建设主管部门发布的造价信息计算为 1.2 亿元。后该施工合同无效，但建设工程经竣工验收合格，则该施工企业能获得人民法院支持的最高结算价款为（ ）亿元。

    A. 0.9   B. 1

    C. 0.93   D. 1.2

26. 设备采购合同的履行中，在计算迟延付款违约金时，迟付不足一周的按一周计算。迟延付款违约金的总额不得超过合同价格的（ ）。

    A. 5%   B. 8%

    C. 10%   D. 15%

27. 工程项目信息管理实施模式中，自行开发的缺点是（ ）。

    A. 维护费用较高   B. 对项目的针对性较差

    C. 安全性和可靠性较差   D. 维护工作量较大

28. 基于互联网的工程项目信息平台特点的说法中，错误的是（ ）。

    A. 以 Extranet 作为信息交换工作平台，具有较高的安全性

    B. 采用 100%B/S（浏览器 / 服务器）结构，用户在客户端只需安装一个浏览器即可

    C. 基于互联网的工程项目信息平台不是一个简单文档系统

    D. 与其他相关信息系统不同，基于互联网的工程项目信息平台的主要功能是对项目信息进行加工、处理

29. 某企业年初从银行贷款 800 万元，年名义利率为 10%，按季度计算并支付利息，则每季度末应支付利息（ ）万元。

    A. 19.29   B. 20.00

    C. 20.76   D. 26.67

30. 某企业连续 3 年每年初从银行借入资金 500 万元，年利率为 8%，按年计息，第 3 年末一次性还本付息，则第 3 年末应还本付息（ ）万元。

    A. 1 893.30   B. 1 753.06

    C. 1 623.20   D. 1 620.00

31. 采用定性与定量相结合的方法，分析风险因素发生的可能性及给项目带来经济损失程度的分析方法是（ ）。

    A. 盈亏平衡分析   B. 风险分析

    C. 敏感性分析   D. 投入产出分析

32. 产品的寿命周期成本由产品生产成本和（ ）组成。

    A. 使用及维护成本   B. 生产前准备成本

    C. 制造成本   D. 资金成本

33. 根据功能重要程度选择价值工程对象的方法称为（ ）。

    A. 因素分析法   B. ABC 分析法

    C. 强制确定法   D. 价值指数法

34. 产品功能整理的目的是（　　　）。

A. 揭示出各级功能领域中有无功能不足或功能过剩

B. 提出能够可靠地实现必要功能的新方案

C. 明确产品的功能系统，为功能评价和方案构思提供依据

D. 提高价值工程的工作效率

35. 在价值工程活动中，计算功能评价值前应完成的工作不包括（　　　）。

A. 方案创造　　　　　　　　　　B. 功能现实成本计算

C. 功能整理　　　　　　　　　　D. 功能定义

36. 工程寿命周期成本中，属于设置费的是（　　　）。

A. 搬运费　　　　　　　　　　　B. 制造费

C. 维修费　　　　　　　　　　　D. 备机费

37. 关于既有法人项目资本金的说法中，正确的是（　　　）。

A. 企业库存现金和银行存款应全部用于项目投资

B. 企业生产经营中获得的营业收入可以全部用于项目投资

C. 未来生产经营中获得的可用于项目的资金

D. 企业不能通过改变企业产权结构的方式筹集项目投资

38. 已知社会无风险投资收益率为3.5%，市场投资组合预期收益率为15%，某股票的投资风险系数为1.5，则采用资本资产定价模型计算的该项目普通股资金成本为（　　　）。

A. 5.00%　　　　　　　　　　　B. 19.25%

C. 20.75%　　　　　　　　　　　D. 21.75%

39. 关于融资租赁优点的说法中，不正确的是（　　　）。

A. 具有较强的灵活性

B. 可以避免长期借款筹资所附加的各种限制性条款

C. 节约项目运行期间的成本开支

D. 能够迅速获得所需资产的长期使用权

40. 项目公司资本结构决策的依据是（　　　）。

A. 边际资金成本　　　　　　　　B. 综合资金成本

C. 比较资金成本　　　　　　　　D. 个别资金成本

41. 物有所值定性评价一般采用（　　　）。

A. 专家打分法　　　　　　　　　B. 指数估算法

C. 单价法　　　　　　　　　　　D. 对比法

42. 根据利润的分配顺序，企业发生的年度亏损，在连续（　　　）内可以用税前利润弥补进行弥补。

A. 9个月　　　　　　　　　　　B. 6个月

C. 2年　　　　　　　　　　　　D. 5年

43. 投资者在决定项目投资结构时需要考虑的因素很多，主要包括项目的现金流量控制、债务责任、产权形式及（　　　）。

A. 契约关系　　　　　　　　　　B. 产品分配形式

C. 融资费用　　　　　　　　　　D. 资金结构的设计

44. 项目融资的融资执行阶段工作内容不包括（　　　）。

A. 执行项目投资计划　　　　　　B. 起草融资法律文件

C. 签署项目融资文件　　　　　　D. 项目风险控制与管理

45. 教育费附加以纳税人实际缴纳的（　　　）税额之和作为计税依据。

A. 增值税、消费税和资源税　　　B. 所得税、增值税和消费税

C. 契税、所得税和增值税　　　　D. 增值税和消费税

46. 资本结构是否合理，一般是通过分析（　　　）的变化来进行衡量的。凡是能够提高每股收益的资本结构就是合理的，反之则是不合理的。

A. 利率　　　　　　　　　　　　B. 每股收益

C. 股票面值　　　　　　　　　　D. 风险报酬率

47. 关于 ABS 与 BOT 融资方式比较的说法中，错误的是（　　　）。

A. ABS 融资方式中，项目的所有权在债券存续期内由原始权益人转至 SPV，经营权与决策权仍属于原始权益人债券到期后，项目的所有权重新回到原始权益人手中

B. 在 ABS 融资方式中，资产的运营与决策权仍然归属原始权益人，SPV 不参与运营，不必担心外商或私营机构控制

C. BOT 会给东道国带来掠夺性经营风险等负面效应

D. ABS 风险主要由政府、投资者 / 经营者、贷款机构承担

48. PPP 项目合同体系中，（　　　）是其中最核心的法律文件。

A. 项目合同　　　　　　　　　　B. 股东合同

C. 原料供应合同　　　　　　　　D. 融资合同

49. 关于 PPP 项目财政承受能力论证的说法中，错误的是（　　　）。

A. 财政承受能力论证能为 PPP 项目财政管理提供依据

B. 对可行性缺口补助模式的项目，在项目运营补贴期间，政府承担部分直接付费责任

C. 在进行财政支出能力评估时，未来年度一般公共预算支出数额可参照前五年相关数额的平均值及平均增长率计算

D. 每一年度全部 PPP 项目需要从预算中安排的支出，占一般公共预算支出比例应当不超过 8%

50. 下列指标中，属于物有所值定性评价的基本指标的是（　　　）。

A. 可融资性　　　　　　　　　　B. 预期使用寿命长短

C. 全寿命期成本测算准确性　　　D. 运营收入增长潜力

51. 下列选项中，（　　　）视同买卖房屋的情形。

A. 国有土地使用权出让

B. 国有土地使用权转让

C. 房屋交换

D. 以房产抵债或实物交换房屋

52. 关于工伤保险基金与费率的说法中，错误的是（　　　）。

A. 我国工伤保险收缴保费按照"以支定收、收支平衡"的原则，根据不同行业的工伤风险程度，确定行业的差别费率

B. 工伤保险费由企业按照职工工资总额的一定比例缴纳，职工个人不缴纳工伤保险费

C. 建筑业用人单位缴纳工伤保险费最低可下调到本行业基准费率的80%

D. 建筑业用人单位缴纳工伤保险费最高可上浮到本行业基准费率的150%

53. 关于项目经济评价中财务分析与经济分析的说法，正确的是（　　）。

A. 项目财务分析主要采用企业成本和效益的分析方法

B. 经济分析是财务分析的基础

C. 项目经济分析的对象是企业或投资人的财务收益和成本

D. 项目财务分析的对象是由项目带来的国民收入增值情况

54. 进行工程项目财务评价时，可用于判断项目偿债能力的指标是（　　）。

A. 财务内部收益率　　　　　　　B. 总投资收益率

C. 项目资本金净利润率　　　　　D. 速动比率

55. 下列财务费用中，在投资方案经济效果分析中通常只考虑（　　）。

A. 汇兑损失　　　　　　　　　　B. 汇兑收益

C. 相关手续费　　　　　　　　　D. 利息支出

56. 某扩建工程建设单位因急于参加认证，于11月15日未经检验而使用该工程，11月20日承包人提交了竣工验收报告，11月30日建设单位组织验收，12月3日工程竣工验收合格，则该工程竣工日期为（　　）。

A. 11月15日　　　　　　　　　　B. 11月20日

C. 11月30日　　　　　　　　　　D. 12月3日

57. 在常用的工程报价技巧中，（　　）是指在不影响工程总报价的前提下，通过调整内部各个项目的报价，以达到既不提高总报价、不影响中标，又能在结算时得到更理想的经济效益的报价方法。

A. 多方案报价法　　　　　　　　B. 无利润报价法

C. 突然降价法　　　　　　　　　D. 不平衡报价法

58. 某工程主体结构混凝土工程量为 3 200 m^3，计划单价为550元/m^3。计划4个月内均衡完成。开工后，混凝土实际采购价格为560元/m^3。施工至第2个月月底，实际累计完成混凝土工程量为 1 800 m^3，则此时的进度偏差为（　　）万元。

A. 11.8　　　　　　　　　　　　B. 11.2

C. 11.0　　　　　　　　　　　　D. –1.8

59. 某工程项目施工中现场出现了图纸中未标明的地下障碍物，需要做清除处理。按照合同条款的约定，施工承包单位应在索赔事件发生后28天内向监理人递交（　　）。

A. 索赔报告　　　　　　　　　　B. 索赔意向通知

C. 索赔证据　　　　　　　　　　D. 索赔声明

60. 进行偏差分析的最常用方法是（　　）。

A. 横道图法
B. 时标网络图法
C. 曲线法
D. 表格法

二、多项选择题（共 **20** 题，每题 **2** 分。每题的备选项中，有 **2** 个或 **2** 个以上符合题意，至少有 **1** 个错项。错选，本题不得分；少选，所选的每个选项得 **0.5** 分）

61. 全过程造价管理的前期决策阶段管理工作包括（　　）。
A. 项目策划
B. 发承包模式的选择
C. 投资估算
D. 项目经济评价
E. 项目融资方案分析

62. 工程造价咨询企业的业务范围包括（　　）。
A. 仲裁工程结算纠纷
B. 确定建设项目合同价款
C. 提供工程造价信息服务
D. 编制与审核工程竣工决算报告
E. 审批建设项目可行性研究中的投资估算

63. 合同无效的原因有（　　）。
A. 重大误解或显失公平
B. 以合法形式掩盖非法目的
C. 损害社会公共利益
D. 损害国家、集体或第三人利益
E. 一方以胁迫手段订立合同，损害集体利益

64. 关于施工单位对建设工程质量最低保修期限的说法中，正确的有（　　）。
A. 给水排水管道为 5 年
B. 装修工程为 2 年
C. 电气设备安装工程为 2 年
D. 有防水要求的卫生间为 2 年
E. 供热与供冷系统为 2 个采暖期、供冷期

65. 关于建筑安全生产管理的说法中，正确的有（　　）。
A. 施工现场安全由建设单位负责
B. 建筑施工企业应当依法为职工缴纳工伤保险费
C. 房屋拆除应当由具备保证安全条件的建筑施工单位承担
D. 建筑工程安全生产管理必须坚持安全第一、预防为主的方针
E. 对工序复杂的工程项目，应当编制专项安全施工组织设计

66. 下列属于投标人弄虚作假、欺骗中标的是（　　）。
A. 投标人之间约定中标人
B. 提供虚假的信用状况
C. 使用伪造、变造的许可证件
D. 提供虚假的财务状况或者业绩
E. 不同投标人委托同一单位或者个人办理投标事宜

67. 根据《国务院关于投资体制改革的决定》（国发〔2004〕20 号），只需审批资金申请报告的政府投资项目是指采用（　　）方式的项目。
A. 转贷
B. 贷款贴息
C. 投资补助
D. 直接投资
E. 资本金注入

68. 关于 Partnering 模式特征的说法中，正确的有（　　）。
A. 出于自愿
B. 高层管理者的参与
C. 具有强制性
D. 信息的开放性

E. Partnering 协议不是法律意义上的合同

69. 下列施工过程中，由于占用施工对象的空间而直接影响工期，必须列入流水施工进度计划的有（　　）。

A. 砂浆制备过程　　　　　　　B. 墙体砌筑过程

C. 商品混凝土制备过程　　　　D. 设备安装过程

E. 外墙面装饰过程

70. 组织建设工程流水施工时，划分施工段的原则有（　　）。

A. 每个施工段内要有足够的工作面

B. 施工段的数量应尽可能多

C. 同一专业工作队在各个施工段上的劳动量应大致相等

D. 施工段的界限应尽可能与结构界限相吻合

E. 多层建筑物应既分施工段，又分施工层

71. 互斥方案静态分析常用（　　）等评价方法进行相对经济效果的评价。

A. 增量投资收益率　　　　　　B. 增量投资回收期法

C. 增量投资内部收益率法　　　D. 年折算费用法

E. 综合总费用法

72. 投资项目财务评价中的不确定性分析有（　　）。

A. 盈亏平衡分析　　　　　　　B. 增长率分析

C. 敏感性分析　　　　　　　　D. 发展速度分析

E. 均值分析

73. 当部件很多时，可以先用（　　）选出重点部件，然后再用强制确定法细选。

A. 百分比分析法　　　　　　　B. 价值指数法

C. ABC 法　　　　　　　　　　D. 经验分析法

E. 重点分析法

74. 用于方案综合评价的方法有很多，常用的定性方法有（　　）。

A. 直接评分法　　　　　　　　B. 德尔菲法

C. 比较价值评分法　　　　　　D. 优缺点列举法

E. 环比评分法

75. 关于资本结构的说法中，正确的是（　　）。

A. 项目资本金比例越高，贷款的风险越低

B. 项目资本金比例越高，贷款的利率就越高

C. 如果权益资金过大，风险可能会过于集中，财务杠杆作用下滑

D. 如果项目资本金占的比重太少，会导致负债融资的难度提升和融资成本的提高

E. 在项目总投资和投资风险一定的条件下，项目资本金比例越高，权益投资人投入项目的资金越多，承担的风险越高

76. 项目融资工作中，属于投资决策分析阶段的有（　　）。

A. 评价项目风险因素

B. 选择银行、发出项目融资建议书

C. 工业部门（技术、市场）分析

D. 项目可行性研究

E. 组织贷款银团

77. 关于 BOT 项目融资方式的说法中，正确的有（　　）。

A. BOT 主要适用于竞争性不强的行业或有稳定收入的项目

B. BT 项目中，投资者仅获得项目的建设权，而项目的经营权则属于政府

C. BOOT 方式的特许期一般比典型 BOT 方式稍长

D. 最经典的 BOT 形式，项目公司没有项目的所有权，只有建设和经营权

E. BOO（建设—拥有—运营）方式，项目公司需要将项目移交给政府

78. 计算土地增值税时，允许从房地产转让收入中扣除的项目有（　　）。

A. 房地产开发利润

B. 房地产开发费用

C. 房地产开发成本

D. 旧房及建筑物的评估价格

E. 取得土地使用权支付的金额

79. 建设单位审查工程竣工结算的内容包括（　　）。

A. 执行合同约定或现行的计价原则、方法的严格性

B. 工程量计算规则与计价规范或定额的一致性

C. 结算资料递交手续、程序的合法性，以及结算资料具有的法律效力

D. 工程变更、索赔、奖励及违约费用

E. 取费、税金、政策性调整以及材料价差计算

80. 在履行合同过程中，由于（　　）造成工期延误的，承包人有权要求发包人延长工期和增加费用，并支付合理利润。

A. 发包人未能按照合同要求的期限对承包人文件进行审查

B. 因发包人原因导致的暂停施工

C. 承包人擅自暂停工作

D. 发包人按合同约定提供的基准资料错误

E. 异常恶劣的气候天气

同步模拟试卷一参考答案及详解

一、单项选择题

1. D	2. C	3. A	4. D	5. A
6. B	7. C	8. C	9. B	10. D
11. D	12. B	13. D	14. B	15. A
16. B	17. D	18. A	19. A	20. A
21. C	22. C	23. A	24. B	25. B
26. C	27. D	28. C	29. B	30. D
31. B	32. A	33. C	34. C	35. A
36. B	37. C	38. C	39. C	40. B
41. A	42. D	43. B	44. B	45. D
46. B	47. D	48. A	49. D	50. D
51. D	52. C	53. A	54. D	55. D
56. B	57. D	58. C	59. B	60. D

【解析】

1. 本题的考点为工程造价管理的主要内容。工程施工阶段造价管理的内容包括：进行工程计量及工程款支付管理，实施工程费用动态监控，处理工程变更和索赔。选项 A、B 属于工程发承包阶段造价管理的内容。选项 C 属于工程项目策划阶段造价管理的内容。

2. 本题的考点为工程造价咨询企业资质等级标准。选项 C 属于甲级工程造价咨询企业资质标准。选项 A、B、D 为乙级工程造价咨询企业资质标准。

3. 本题的考点为工程造价咨询企业的分支机构。工程造价咨询企业设立分支机构的，应当自领取分支机构营业执照之日起 30 日内，持分支机构营业执照复印件等材料到分支机构工商注册所在地省、自治区、直辖市人民政府建设主管部门备案。

4. 本题的考点为 ENR 指数资料来源。ENR 指数资料来源于 20 个美国城市和 2 个加拿大城市，ENR 在这些城市中派有信息员，专门负责收集价格资料和信息。

5. 本题的考点为中止施工。在建的建筑工程因故中止施工的，建设单位应当自中止施工之日起 1 个月内，向发证机关报告，并按照规定做好建设工程的维护管理工作。

6. 本题的考点为 AIA 合同条件体系。美国建筑师学会（AIA）的合同条件体系分为 A、B、C、D、F、G 系列。其中，A 系列是关于发包人与承包人之间的合同文件；B 系列是关于发包人与提供专业服务的建筑师之间的合同文件；C 系列是关于建筑师与提供专业服务的顾问之间的合同文件；D 系列是建筑师行业所用的文件；F 系列是财务管理表格；G 系列是合同和办公管理表格。

7. 本题的考点为要约的生效。要约是希望与他人订立合同的意思表示。要约到达受要约人时生效。

8. 本题的考点为效力待定合同。效力待定合同是指合同已经成立，但合同效力能否产生尚不能确定的合同。合同被追认之前，善意相对人有撤销的权利。限制民事行为能力人订立的合同并非一律无效，在以下几种情形下订立的合同是有效的：①经过其法定代理人追认的合同，即为有效合同；②纯获利益的合同；③与限制民事行为能力人的年龄、智力、精神健康状况相适应而订立的合同。

9. 本题的考点为联合承包。大型建筑工程或结构复杂的建筑工程，可以由两个以上的承包单位联合共同承包。共同承包的各方对承包合同的履行承担连带责任。两个以上不同资质等级的单位实行联合共同承包的，应当按照资质等级低的单位的业务许可范围承揽工程。

10. 本题的考点为建设单位质量责任和义务。①建设单位不得将建设工程肢解发包；②建设单位不得迫使承包方以低于成本的价格竞标，不得任意压缩合理工期；③建设单位不得明示或者暗示设计单位或者施工单位违反工程建设强制性标准，降低建设工程质量；④涉及建筑主体和承重结构变动的装修工程，建设单位应当在施工前委托原设计单位或者具有相应资质等级的设计单位提出设计方案。

选项 D 表述过于绝对。

11. 本题的考点为必须招标的范围。根据《招标投标法》，在中华人民共和国境内进行下列工程建设项目（包括项目的勘察、设计、施工、监理以及与工程建设有关的重要设备、材料等的采购），必须进行招标：①大型基础设施、公用事业等关系社会公共利益、公众安全的项目；②全部或者部分使用国有资金投资或者国家融资的项目；③使用国际组织或者外国政府贷款、援助资金的项目。

12. 本题的考点为工程项目的组成。工程项目可分为单项工程、单位（子单位）工程、分部（子分部）工程和分项工程。其中单位工程是指具备独立施工条件并能形成独立使用功能的工程。

13. 本题的考点为项目法人的设立。在项目可行性研究报告被批准后，应正式成立项目法人。

14. 本题的考点为项目投资决策管理制度。根据《国务院关于投资体制改革的决定》（国发〔2004〕20 号），政府投资项目实行审批制，非政府投资项目实行核准制或登记备案制。

15. 本题的考点为项目后评价的基本方法。项目后评价的基本方法是对比法，就是将工程项目建成投产后所取得的实际效果、经济效益和社会效益、环境保护等情况与前期决策阶段的预测情况相对比，与项目建设前的情况相对比，从中发现问题，总结经验和教训。

16. 本题的考点为项目总经理的职权。项目总经理的职权包括：实行国际招标的项目，按现行规定办理；编制并组织实施项目年度投资计划、用款计划、建设进度计划；编制项目财务预算、决算；编制并组织实施归还贷款和其他债务计划；组织工程建设实施，负责控制工程投资、工期和质量；在项目建设过程中，在批准的概算范围内对单项工程的设计进行局部调整均属于项目总经理的职权。

17. 本题的考点为职能制组织机构的特点。在职能制组织机构中，各级领导不直接指挥下级，而是指挥职能部门。各职能部门可以在上级领导的授权范围内，就其所辖业务范围向下级执行者发布命令和指示。

18. 本题的考点为工程项目计划体系。工程项目进度平衡表用来明确各种设计文件交付日期，主要设备交货日期，施工单位进场日期，水、电及道路接通日期等，以保证工程建设中各个环节相互衔接，确保工程项目按期投产或交付使用。

19. 本题的考点为项目管理实施规划。项目管理实施规划是在开工之前由施工项目经理组织编制，并报企业管理层审批的工程项目管理文件。

20. 本题的考点为流水步距的计算。流水步距等于流水节拍的最大公约数，即 $K=\min$（4，6，4，2）=2 天。

21. 本题的考点为工作自由时差的计算。对于网络计划中以终点节点为完成节点的工作，其自由时差与总时差相等。

22. 本题的考点为双代号网络自由时差的计算。自由时差等于紧后工作的最早开始时间减去本工作的最早完成时间。本题的关键线路为：A→B→D→H→I（或①→②→③→④→⑤→⑥→⑦）。H 的最早开始时间为 6+3+9=18。E 工作的最早完成时间等于 6+3+7=16。18-16=2（天）。

23. 本题的考点为工程费用与工期的关系。施工方案一定，工期不同，直接费也不同。直接费会随着工期的缩短而增加。间接费包括企业经营管理的全部费用，它一般会随着工期的缩短而减少。

24. 本题的考点为设计合同文件的优先解释顺序。设计合同文件解释顺序为：①中标通知书；②投标函及投标函附录；③专用合同条款；④通用合同条款；⑤发包人要求；⑥设计费用清单；⑦设计方案；⑧其他合同文件。上述合同文件互相补充和解释。如果合同文件之间存在矛盾或不一致之处，以上述文件的排列顺序在先者为准。

25. 本题的考点为无效合同的价款结算。建设工程施工合同无效，但建设工程经竣工验收合格，承包人请求参照合同约定支付工程价款的，应予支持。

26. 本题的考点为设备采购合同的履行。设备采购合同的履行中，在计算迟延付款违约金时，迟付不足一周的按一周计算。迟延付款违约金的总额不得超过合同价格的10%。

27. 本题的考点为工程项目信息管理实施模式的特点。工程项目信息管理实施模式中，自行开发的缺点：开发费用最高；实施周期最长；维护工作量较大。

28. 本题的考点为基于互联网的工程项目信息平台特点。基于互联网的工程项目信息平台具有以下基本特点：①以 Extranet 作为信息交换工作平台，其基本形式是项目主题网，它具有较高的安全性；②采用 100%B/S（浏览器／服务器）结构，用户在客户端只需安装一个浏览器即可；③与其他相关信息系统不同，基于互联网的工程项目信息平台的主要功能是项目信息的共享和传递，而不是对项目信息进行加工、处理；④基于互联网的工程项目信息平台不是一个简单文档系统，通过信息的集中管理和门户设置，为工程参建各方提供一个开放、协调、个性化的信息沟通环境。

29. 本题的考点为利息的计算。季度利率=10%/4=2.5%，每季度末应支付利息=800万元×2.5%=20 万元。

30. 本题的考点为等额支付终值的计算。第 3 年年末的本利和为 500×（*F/A*，8%，3）×（1+8%）=1 753.06（万元）。

31. 本题的考点为风险分析。风险分析应采用定性与定量相结合的方法，分析风险因素发生的可能性及给项目带来经济损失的程度。

32. 本题的考点为产品寿命周期成本的组成。产品的寿命周期成本由生产成本和使用及维护成本组成。

33. 本题的考点为价值工程对象选择的方法。因素分析法，又称经验分析法，是一种定性分析方法，依据分析人员经验做出选择，简便易行。ABC 分析法，又称重点选择法或不均匀分布定律法，是指应用数理统计分析的方法来选择对象。强制确定法，是以功能重要程度作为选择价值工程对象的一种分析方法。价值指数法，通过比较各个对象（或零部件）之间的功能水平位次和成本位次，寻找价值较低对象（零部件），并将其作为价值工程研究对象。

34. 本题的考点为产品功能整理的目的。产品功能整理是用系统的观点将已经定义了的功能加以系统化，找出各局部功能相互之间的逻辑关系，并用图表形式表达，以明确产品的功能系统，从而为功能评价和方案构思提供依据。

35. 本题的考点为功能评价。在价值工程活动中，计算功能评价值前应完成的工作包括对象的选择、工能定义、功能整理、功能现实成本计算。

36. 本题的考点为工程寿命周期成本中设置费的构成。工程寿命周期成本中设置费包括研开发费、设计费、制造费、安装费、试运转费。

37. 本题的考点为既有法人项目资本金筹措。既有法人项目资本金筹措的内部资金来源包括企业的现金、未来生产经营中获得的可用于项目的资金、企业资产变现、企业产权转让。外部资金来源包括企业增资扩股、在资本市场发行股票、国家预算内投资。企业库存现金和银行存款可由企业的资产负债表得以反映，其中可能有一部分可以投入项目，即扣除保持必要的日常经营所需的货币资金额，多余的资金可用于项目投资。

38. 本题的考点为项目普通股资金成本的计算。根据公式：$K_s=R_f+\beta(R_m-R_f)$，式中 K_s 表示普通股成本率；R_f 表示社会无风险投资收益率；β 表示股票的投资风险系数；R_m 表示市场投资组合预期收益率。本题的计算过程为：$K_s=3.5\%+1.5\times(15\%-3.5\%)=20.75\%$。

39. 本题的考点为融资租赁的优点。融资租赁作为一种融资方式，其优点主要有：①融资租赁是一种融资与融物相结合的融资方式，能够迅速获得所需资产的长期使用权；②融资租赁可以避免长期借款筹资所附加的各种限制性条款，具有较强的灵活性；③融资租赁的融资与进口设备都由有经验和对市场熟悉的租赁公司承担，可以减少设备进口费，从而降低设备取得成本。

40. 本题的考点为公司资本结构决策的依据。综合资金成本是项目公司资本结构决策的依据。通常，项目所需的全部长期资金是采用多种筹资方式组合构成的，这种筹资组合往往有多个筹资方案可供选择。

41. 本题的考点为物有所值定性评价。物有所值定性评价一般采用专家打分法。

42. 本题的考点为所得税计税依据。根据利润的分配顺序，企业发生的年度亏损，在连续 5 年内可以用税前利润弥补进行弥补。

43. 本题的考点为投资者在决定项目投资结构时考虑的因素。投资者在决定项目投资结构时需要考虑的因素很多，主要包括项目的产权形式、产品分配形式、债务责任、决策程序、现金流量控制、会计处理和税务结构等方面的内容。

44. 本题的考点为融资执行阶段的工作内容。融资执行阶段的工作内容包括：执行项目投资计划、项目风险控制与管理、签署项目融资文件、贷款银团经理人监督并参与项目决策。

45. 本题的考点为教育费附加的计税依据。教育费附加以纳税人实际缴纳的增值税、消费税税额之和作为计税依据。现行教育费附加征收比率为3%。

46. 本题的考点为资本结构的比选方法。资本结构是否合理，一般是通过分析每股收益的变化来进行衡量的。凡是能够提高每股收益的资本结构就是合理的，反之则是不合理的。

47. 本题的考点为 ABS 与 BOT 融资方式的比较。BOT 风险主要由政府、投资者／经营者、贷款机构承担；ABS 则由众多的投资者承担，而且债券可以在二级市场上转让，变现能力强，故选项 D 错误。

48. 本题的考点为 PPP 项目合同体系。PPP 项目合同体系主要包括项目合同、股东合同、融资合同、工程承包合同、运营服务合同、原料供应合同、产品采购合同和保险合同等。项目合同是其中最核心的法律文件。

49. 本题的考点为 PPP 项目财政承受能力论证。每一年度全部 PPP 项目需要从预算中安排的支出，占一般公共预算支出比例应当不超过 10%。

50. 本题的考点为物有所值定性评价的基本指标。物有所值定性评价指标包括全生命周期整合程度、风险识别与分配、绩效导向与鼓励创新、潜在竞争程度、政府机构能力、可融资性六项基本评价指标。

51. 本题的考点为视同买卖房屋的情形。以下几种特殊情况视同买卖房屋：①以房产抵债或实物交换房屋；②以房产做投资或做股权转让；③买房拆料或翻建新房。

52. 本题的考点为工伤保险基金与费率。建筑业用人单位缴纳工伤保险费最低可下调到本行业基准费率的 50%，故选项 C 错误。

53. 本题的考点为财务分析与经济分析。财务分析是经济分析的基础，故选项 B 错误。项目财务分析的对象是企业或投资人的财务收益和成本，项目经济分析的对象是由项目带来的国民收入增值情况，故选项 C、D 错误。

54. 本题的考点为工程项目财务评价参数。判断项目偿债能力的参数主要包括利息备付率、偿债备付率、资产负债率、流动比率、速动比率等指标的基准值或参考值。

55. 本题的考点为投资方案现金流量表的构成要素。利息支出是指按照会计法规，企业为筹集所需资金而发生的费用称为借款费用，又称财务费用，包括利息支出（减利息收入）、汇兑损失（减汇兑收益）以及相关的手续费等。在投资方案的经济效果分析中，通常只考虑利息支出。

56. 本题的考点为实际竣工日期。除专用合同条款另有约定外，经验收合格工程的实际竣工日期，以提交竣工验收申请报告的日期为准，并在工程接收证书中写明。

57. 本题的考点为施工投标报价技巧。不平衡报价法是指在不影响工程总报价的前提下，通过调整内部各个项目的报价，以达到既不提高总报价、不影响中标，又能在结算时得到更理想的经济效益的报价方法。

58. 本题的考点为进度偏差的计算。进度偏差（SV）＝已完工程计划费用（$BCWP$）－拟完工程计划费用（$BCWS$），已完工程计划费用（$BCWP$）＝∑已完工程量（实际工程量）×

计划单价，拟完工程计划费用（$BCWS$）=∑拟完工程量（计划工程量）×计划单价。此时的进度偏差 =1 800 m^3× 550 元 /m^3–（ 3 200 m^3/4 ）× 2 × 550 元 /m^3=110 000 元 =11.0 万元。

59. 本题的考点为施工承包单位的索赔程序。施工承包单位应在知道或应当知道索赔事件发生后 28 天内，向监理人递交索赔意向通知书，并说明发生索赔事件的事由。

60. 本题的考点为偏差分析方法。常用的偏差分析方法有横道图法、时标网络图法、表格法和曲线法。表格法是一种进行偏差分析的最常用方法。

二、多项选择题

61. ACDE	62. BCD	63. BCD	64. BCE	65. BCD
66. BCD	67. ABC	68. ABDE	69. BDE	70. ACDE
71. ABDE	72. AC	73. CD	74. BD	75. ACDE
76. CD	77. ABCD	78. BCDE	79. CDE	80. ABD

【解析】

61. 本题的考点为全过程造价管理。全过程造价管理是指覆盖建设工程策划决策及建设实施各个阶段的造价管理。包括：前期决策阶段的项目策划、投资估算、项目经济评价、项目融资方案分析；设计阶段的限额设计、方案比选、概预算编制；招投标阶段的标段划分、发承包模式及合同形式的选择、招标控制价或标底编制；施工阶段的工程计量与结算、工程变更控制、索赔管理；竣工验收阶段的结算与决算等。

62. 本题的考点为工程造价咨询企业的业务范围。工程造价咨询业务范围包括：①建设项目建议书及可行性研究投资估算、项目经济评价报告的编制和审核；②建设项目概预算的编制与审核，并配合设计方案比选、优化设计、限额设计等工作进行工程造价分析与控制；③建设项目合同价款的确定（包括招标工程工程量清单和标底、投标报价的编制和审核）；合同价款的签订与调整（包括工程变更、工程洽商和索赔费用的计算）与工程款支付，工程结算、竣工结算和决算报告的编制与审核等；④工程造价经济纠纷的鉴定和仲裁的咨询；⑤提供工程造价信息服务等。

63. 本题的考点为无效合同的情形。有下列情形之一的，合同无效：①一方以欺诈、胁迫的手段订立合同，损害国家利益；②恶意串通，损害国家、集体或第三人利益；③以合法形式掩盖非法目的；④损害社会公共利益；⑤违反法律、行政法规的强制性规定。

64. 本题的考点为工程最低保修期限。在正常使用条件下，建设工程最低保修期限为：①基础设施工程、房屋建筑的地基基础工程和主体结构工程，为设计文件规定的该工程合理使用年限；②屋面防水工程、有防水要求的卫生间、房间和外墙面的防渗漏，为 5 年；③供热与供冷系统，为 2 个采暖期、供冷期；④电气管道、给排水管道、设备安装和装修工程，为 2 年。

65. 本题的考点为建筑安全生产管理。施工现场安全由建筑施工企业负责。建筑施工企业应当依法为职工参加工伤保险缴纳工伤保险费。房屋拆除应当由具备保证安全条件的建筑施工单位承担，由建筑施工单位负责人对安全负责。建筑工程安全生产管理必须坚持安全第一、预防为主的方针，建立健全安全生产的责任制度和群防群治制度。对专业性较强的工程项目，应当编制专项安全施工组织设计，并采取安全技术措施。

66. 本题的考点为投标弄虚作假的情形。投标过程中，弄虚作假的情形包括：①使用伪造、变造的许可证件；②提供虚假的财务状况或者业绩；③提供虚假的项目负责人或者主要技术人员简历、劳动关系证明；④提供虚假的信用状况；⑤其他弄虚作假的行为。

67. 本题的考点为项目投资决策审批制度。对于采用直接投资和资本金注入方式的政府投资项目，政府需要从投资决策的角度审批项目建议书和可行性研究报告，除特殊情况外，不再审批开工报告，同时还要严格审批其初步设计和概算；对于采用投资补助、转贷和贷款贴息方式的政府投资项目，则只审批资金申请报告。

68. 本题的考点为 Partnering 模式的特征。Partnering 模式的主要特征为：①出于自愿；②高层管理者的参与；③ Partnering 协议不是法律意义上的合同；④信息的开放性。

69. 本题的考点为列入流水施工进度计划的施工过程。施工过程按照性质和特点不同，一般分为建造类施工过程、运输类施工过程和制备类施工过程。建造类施工过程是建设工程施工中占有主导地位的施工过程，如建筑物或构筑物的地下工程、主体结构工程、装饰工程等。运输类施工过程是指将建筑材料、各类构配件、成品、制品和设备等运到工地仓库或施工现场使用地点的施工过程。运输类与制备类施工过程一般不占有施工对象的工作面，不影响工期，故不需要列入流水施工进度计划之中。只有当其占有施工对象的工作面，影响工期时，才列入施工进度计划之中。

70. 本题的考点为划分施工段的原则。划分施工段一般应遵循的原则如下：①同一专业工作队在各个施工段上的劳动量应大致相等；②每个施工段内要有足够的工作面，以保证相应数量的工人、主导施工机械的生产效率，满足合理劳动组织的要求；③施工段的界限应尽可能与结构界限相吻合，或设在对建筑结构整体性影响小的部位，以保证建筑结构的整体性；④施工段的数目要满足合理组织流水施工的要求，施工段数目过多，会降低施工速度，延长工期；施工段过少，不利于充分利用工作面，可能造成窝工；⑤对于多层建筑物、构筑物或需要分层施工的工程，应既分施工段，又分施工层。

71. 本题的考点为静态评价方法。互斥方案静态分析常用增量投资收益率法、增量投资回收期法、年折算费用法、综合总费用法等评价方法进行相对经济效果的评价。增量投资内部收益率法属于动态评价方法。

72. 本题的考点为不确定性分析。不确定性分析主要包括盈亏平衡分析和敏感性分析。

73. 本题的考点为对象选择的方法。当部件很多时，可以先用 ABC 法、经验分析法选出重点部件，然后再用强制确定法细选；也可以用逐层分析法，从部件选起，然后在重点部件中选出重点零件。

74. 本题的考点为方案综合评价法。用于方案综合评价的方法有很多，常用的定性方法有德尔菲法、优缺点列举法等；常用的定量方法有直接评分法、加权评分法、比较价值评分法、环比评分法、强制评分法、几何平均值评分法等。

75. 本题的考点为资本结构。项目资本金比例越高，贷款的利率可以越低，故选项 B 错误。

76. 本题的考点为项目融资程序。投资决策分析阶段的工作：①工业部门（技术、市场）分析；②项目可行性研究；③投资决策——初步确定项目投资结构。

77. 本题的考点为 BOT 项目融资方式。BOO（建设—拥有—运营）方式，项目公司不必将项目移交给政府，故选项 E 错误。

78. 本题的考点为土地增值税的计税依据。税法准予纳税人从转让收入中扣除的项目包括下列几项：①取得土地使用权支付的金额；②房地产开发成本；③房地产开发费用；④与转让房地产有关的税金；⑤其他扣除项目；⑥旧房及建筑物的评估价格。

79. 本题的考点为建设单位审查工程竣工结算的内容。选项 A、B 属于施工承包单位内部审查工程竣工结算的主要内容。

80. 本题的考点为《标准设计施工总承包招标文件》中的合同条款。在履行合同过程中，由于发包人的下列原因造成工期延误的，承包人有权要求发包人延长工期和增加费用，并支付合理利润：①变更；②未能按照合同要求的期限对承包人文件进行审查；③因发包人原因导致的暂停施工；④未按合同约定及时支付预付款、进度款；⑤发包人按合同约定提供的基准资料错误；⑥发包人迟延提供材料、工程设备或变更交货地点的；⑦发包人未及时按照"发包人要求"履行相关义务；⑧发包人造成工期延误的其他原因。

同步模拟试卷二

一、单项选择题（共 60 题，每题 1 分。每题的备选项中，只有 1 个最符合题意）

1. 关于建设工程全面造价管理的说法中，正确的是（　　）。
   A. 建设工程全寿命期造价是指建设工程的初始建造成本和建成后的日常使用成本之和
   B. 全过程造价管理主要是指导建设工程的投资决策及设计方案的选择
   C. 全寿命期造价管理是指覆盖建设工程策划决策及建设实施各个阶段的造价管理
   D. 项目融资方案分析、工程变更控制、索赔管理属于工程施工阶段造价管理的内容

2. 在"调查—分析—决策"基础之上的"偏离—纠偏—再偏离—再纠偏"的工程造价控制属于（　　）。
   A. 前馈控制　　　　　　　　B. 全过程控制
   C. 预防控制　　　　　　　　D. 被动控制

3. 根据《工程造价咨询企业管理办法》，乙级工程造价咨询企业可以从事工程造价（　　）万元以下各类建设项目的工程造价咨询业务。
   A. 2 000　　　　　　　　　B. 3 000
   C. 4 000　　　　　　　　　D. 5 000

4. 甲级工程造价咨询企业资质标准要求，技术负责人是注册造价工程师，并具有工程或工程经济类高级专业技术职称，且从事工程造价专业工作（　　）年以上。
   A. 10　　　　　　　　　　B. 12
   C. 15　　　　　　　　　　D. 20

5. 关于工程造价咨询企业资质证书的变更的说法中，正确的是（　　）。
   A. 工程造价咨询企业的名称发生变更的，不需要办理资质证书变更手续
   B. 工程造价咨询企业的住所发生变更的，应当自变更确立之日起 15 日内办理资质证书变更手续
   C. 工程造价咨询企业分立的，只能由分立后的一方承继原工程造价咨询企业资质
   D. 工程造价咨询企业合并的，合并后存续的工程造价咨询企业为承继合并前各方中较低的资质等级

6. 受要约人超过承诺期限发出承诺的，除要约人及时通知受要约人该承诺有效的以外，应视为（　　）。
   A. 承诺撤回　　　　　　　　B. 承诺延误
   C. 新承诺　　　　　　　　　D. 新要约

7. 关于合同成立时间的说法中，正确的是（　　）。
   A. 口头合同自交付标的物时成立
   B. 承诺生效时合同成立

C. 合同书自生效时成立

D. 采用信件方式订立合同的，合同自信件到达时成立

8. 根据《合同法》，违约责任承担的方式包括（　　　）。

A. 继续履行
B. 代位追偿

C. 提供担保
D. 解除合同

9. 除国务院建设行政主管部门确定的限额以下的小型工程外，建筑施工企业确定后，在建筑工程开工前，建设单位应当按照国家有关规定向工程所在地县级以上人民政府建设行政主管部门申请领取（　　　）。

A. 施工许可证
B. 安全生产许可证

C. 建设用地规划许可证
D. 建设工程规划许可证

10. 建设单位应当自建设工程竣工验收合格之日起（　　　）日内，将竣工验收报告和规划、公安消防、环保等部门出具的认可文件或者准许使用文件报建设行政主管部门或者其他有关部门备案。

A. 7
B. 15

C. 20
D. 30

11. 建设单位取得施工许可证后，若不能按期开工，应当向发证机关申请延期，延期不超过（　　　）个月。

A. 3
B. 4

C. 5
D. 6

12. 工程代建制适用于（　　　）。

A. 政府投资的非经营性项目
B. 政府投资的经营性项目

C. 企业投资的非经营性项目
D. 企业投资的经营性项目

13. A、B、C、D四家公司组成联合体进行投标，则下列联合体成员的行为中正确的是（　　　）。

A. 该联合体成员 A 公司又以自己名义单独对该项目进行投标

B. 该联合体成员 B 公司和 C 公司又组成一个新联合体对该项目投标

C. 该联合体成员应签订共同投标协议

D. A、B、C、D 4 家公司设立一个新公司作为该联合体投标的牵头人

14. 资格预审文件或者招标文件的发售期不得少于（　　　）日。

A. 2
B. 3

C. 4
D. 5

15. 企业投资建设《政府核准的投资项目目录》中的项目时，仅需向政府提交（　　　）。

A. 项目建议书
B. 可行性研究报告

C. 开工报告
D. 项目申请报告

16. 工程项目目标控制方法中，用来寻找某种质量问题产生原因的有效工具是（　　　）。

A. 因果分析图法
B. 香蕉曲线法

C. 控制图法
D. S 曲线法

17. 建设工程组织流水施工时，某施工队在单位时间内完成的工程量称为（　　）。

A. 流水节拍

B. 流水步距

C. 流水节奏

D. 流水强度

18. 关于固定节拍流水施工特点的说法中，错误的是（　　）。

A. 相邻施工过程的流水步距相等，且等于流水节拍

B. 所有施工过程在各个施工段上的流水节拍均相等

C. 专业工作队数等于施工过程数

D. 各个专业工作队在施工段之间可能有空闲时间

19. 某分部工程划分为 3 个施工过程、4 个施工段组织流水施工，流水节拍分别为 3、5、4、4 天，4、4、3、4 天和 3、4、2、3 天，则其流水施工工期为（　　）天。

A. 19

B. 20

C. 21

D. 23

20. 某工程双代号网络计划如下图所示，其中关键线路有（　　）条。

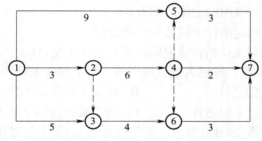

A. 1

B. 2

C. 3

D. 4

21. 某双代号时标网络计划见下图，工作 F、H 的最迟完成时间分别为（　　）。

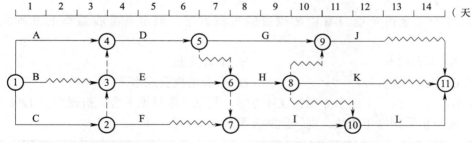

A. 第 7 天、第 9 天

B. 第 7 天、第 11 天

C. 第 8 天、第 9 天

D. 第 8 天、第 11 天

22. 某工程网络计划中，工作 M 的自由时差为 2 天，总时差为 5 天。进度检查时发现该工作的持续时间延长了 4 天，则工作 M 的实际进度（　　）。

A. 既不影响总工期，也不影响其紧后工作的正常进行

B. 将使其紧后工作的开始时间推迟 4 天，并使总工期延长 2 天

C. 将使总工期延长 4 天，但不影响其紧后工作的正常进行

D. 不影响总工期，但其紧后工作的最早开始时间推迟 2 天

23. 某单代号网络计划见下图，工作 A、D 之间的时间间隔是（   ）天。

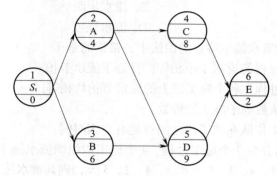

A. 0

B. 1

C. 2

D. 3

24. 工程网络计划工期优化的目的是（   ）。

A. 在工期不变的条件下，使资源投入最少

B. 工程总成本最低时的最优工期安排

C. 工程总成本固定条件下的最短工期安排

D. 通过压缩关键工作的持续时间以满足要求工期目标

25. 建设工程未经验收，发包人擅自使用的，该工程竣工日期为（   ）。

A. 提交验收报告之日

B. 建设工程完工之日

C. 转移占有建设工程之日

D. 竣工验收合格之日

26. 某投资方欲投资 20 000 万元，4 个可选投资项目所需投资分别为 5 000 万元、6 000 万元、8 000 万元、12 000 万元。投资方希望至少投资 2 个项目，则可供选择的组合方案共有（   ）个。

A. 5

B. 6

C. 7

D. 8

27. 对于完全由企业自有资金投资的投资方案，测定基准收益率的基础主要是（   ）。

A. 资金成本

B. 通货膨胀

C. 投资风险

D. 资金的机会成本

28. 甲、乙、丙、丁四个方案为互斥方案，其现金流量见下表，折现率为 12%。若方案分析采用净年值法，则较优的方案是（   ）。

方案	初始投资（万元）	计算期（年）	每年效益（万元）	净年值（万元）
甲	1 000	6	200	−43.23
乙	1 000	8	260	58.70
丙	2 000	12	350	
丁	2 000	15	300	

注：（*P/A*，12%，12）=6.194 4；（*P/A*，12%，15）=6.810 9；（*A/P*，12%，12）=0.161 44；（*A/P*，12%，15）=0.146 82。

A. 甲 B. 乙

C. 丙 D. 丁

29. 总投资收益率表示项目总投资的盈利水平，是项目达到设计生产能力后正常年份的（　　）与项目总投资的比率。

A. 净利润 B. 总利润扣除应支付的利息

C. 年息税前利润 D. 总利润扣除应缴纳的税金

30. 关于投资方案净现值与基准收益率关系的说法，正确的是（　　）。

A. 两者之间没有关系

B. 基准收益率越大，净现值越大

C. 基准收益率越小，净现值越小

D. 基准收益率越大，净现值越小

31. 某施工现场钢筋加工有两个方案，均不需要增加投资。采用甲方案固定费用为50万元，每吨钢筋加工的可变费用是300元；采用乙方案需固定费用为90万元，每吨钢筋加工的可变费用是250元。现场需加工钢筋1万吨，如果用折算费用法选择方案，则（　　）。

A. 应该选用乙方案

B. 应该选用甲方案

C. 甲、乙两个方案在经济上均不可行

D. 甲、乙两个方案的费用相同

32. 价值工程的三个基本要素是指产品的（　　）。

A. 功能、成本和寿命周期

B. 价值、功能和寿命周期成本

C. 必要功能、基本功能和寿命周期成本

D. 功能、生产成本和使用及维护成本

33. 在价值工程的工作程序中，创新阶段的工作步骤不包括（　　）。

A. 方案创造 B. 提案编写

C. 方案审批 D. 方案评价

34. 在价值工程活动中，通过分析求得某研究对象的价值指数 V_i 后，对研究对象可采取的策略是（　　）。

A. $V_i<1$ 时，增加现实成本 B. $V_i>1$ 时，提高功能水平

C. $V_i<1$ 时，降低现实成本 D. $V_i>1$ 时，降低现实成本

35. 价值工程中的功能，一般是指（　　）。

A. 必要功能 B. 基本功能

C. 辅助功能 D. 使用功能

36. 在分析寿命周期成本时，首先要（　　）。

A. 合理选用寿命周期成本分析方法

B. 明确寿命周期成本分析方法的局限性

C. 了解寿命周期成本分析方法的特点

D. 明确寿命周期成本所包括的费用项目

37. 关于项目资本金管理的说法中，不正确的是（　　）。

A. 投资项目资本金只能用于项目建设

B. 凡资本金不落实的投资项目，一律不得开工建设

C. 投资项目在项目建议书中要就资本金筹措情况作出详细说明

D. 投资项目的资本金一次认缴，并根据批准的建设进度按比例逐年到位

38. 某企业账面反映的长期资金为 4 000 万元，其中优先股为 1 200 万元，应付长期债券为 2 800 万元。发行优先股的筹资费费率为 3%，年股息率为 9%，发行长期债券的票面利率为 7%，筹资费费率为 5%，企业所得税税率为 25%，则该企业的加权平均资金成本率为（　　）。

A. 3.96%

B. 6.11%

C. 6.65%

D. 8.15%

39. 下列属于投资者以准资本金方式投入资金的是（　　）。

A. 优先股

B. 国家预算内投资

C. 企业增资扩股

D. 资金合资

40. PFI 项目融资方式的特点包括（　　）。

A. 项目控制权必须由公共部门掌握

B. 有利于公共服务的产出大众化

C. 项目融资成本低、手续简单

D. 政府无需对私营企业做出特许承诺

41. 工程寿命周期成本的常用估算方法中，在开发研究的初期阶段运用的是（　　）。

A. 费用模型估算法

B. 参数估算法

C. 类比估算法

D. 费用项目分别估算法

42. 投资项目在（　　）中要就资本金筹措情况做出详细说明，包括出资方、出资方式、资本金来源及数额、资本金认缴进度等有关内容。

A. 可行性研究报告

B. 初步设计文件

C. 项目建议书

D. 施工招标文件

43. 新设项目法人的项目资本金，可通过（　　）方式筹措。

A. 企业产权转让

B. 在证券市场上公开发行股票

C. 商业银行贷款

D. 在证券市场上公开发行债券

44. 通过发行债券融资的缺点是（　　）。

A. 保障股东控制权

B. 便于调整资本结构

C. 筹资成本较低

D. 可能产生财务杠杆负效应

45. 某公司发行票面额为 3 000 万元的优先股股票，筹资费费率为 3%，股息年利率为 15%，则其资金成本率为（　　）。

A. 10.31%

B. 12.37%

C. 14.12%

D. 15.46%

46. 与 BOT 融资方式相比，TOT 融资方式的特点是（　　）。

A. TOT 是通过已建成项目为其他新项目进行融资

B. 需要设计合理的信用保证结构

C. TOT 涉及转让经营权、产权、股权等问题

D. 采用 TOT，投资者购买的是正在运营的资产和对资产的经营权，资产收益具有不确定性

47. 旨在增加包括私营企业参与的公共服务或者是公共服务的产出大众化是（　　）方式的核心。

A. BOT
B. PFI
C. TOT
D. ABS

48. 下列指标中，属于物有所值定性评价的补充指标的是（　　）。

A. 绩效导向与鼓励创新
B. 潜在竞争程度
C. 风险识别与分配
D. 项目规模大小

49. 关于增值税的说法中，错误的是（　　）。

A. 增值税的计税方法，包括一般计税方法和简易计税方法

B. 增值税的一般计税方法中，当期销项税额小于当期进项税额不足抵扣时，其不足部分可以结转下期继续抵扣

C. 销售额为纳税人发生应税销售行为收取的全部价款和价外费用，也包括收取的销项税额

D. 在中华人民共和国境内销售服务、无形资产或者不动产的单位和个人，为增值税纳税人，应当按照营业税改征增值税试点实施办法缴纳增值税，不缴纳营业税

50. 企业所得税实行（　　）的比例税率。

A. 12%
B. 15%
C. 20%
D. 25%

51. 下列指标中，属于投资项目经济影响经济结构指标的是（　　）。

A. 就业效果指标
B. 三次产业结构
C. 社会纯收入
D. 地区分配效果指标

52. 建设工程造价目标的动态反馈和管理过程是（　　）。

A. 设计方案的评价与优化
B. 限额设计的审查
C. 限额设计的编制
D. 限额设计的实施

53. 下列文件中，（　　）是确定建设工程造价的文件，是工程建设全过程造价控制、考核工程项目经济合理性的重要依据。

A. 设计概预算文件
B. 投资估算文件
C. 施工预算文件
D. 施工图预算文件

54. 具有审查全面、细致、审查质量高等优点，但工作量大、审查时间较长的方法是（　　）。

A. 对比审查法
B. 重点抽查法
C. 逐项审查法
D. 筛选审查法

55. 根据《标准施工招标文件》的合同条款，在施工合同履行过程中，若合同文件约定不一致时，正确的解释顺序应为（　　）。

A. 中标通知书、工程量清单、标准

B. 施工合同通用条款、施工合同专用条款、图纸

C. 投标函、施工合同通用条款、工程量清单

D. 中标通知书、工程报价单、投标函

56. 施工承包单位应在发出索赔意向通知书后（　　）天内，向监理人正式递交索赔通知书。

    A. 14　　　　　　　　　　　　B. 28

    C. 42　　　　　　　　　　　　D. 56

57. 施工承包单位成本管理最基础的工作是（　　）。

    A. 成本控制　　　　　　　　　B. 成本预测

    C. 成本计划　　　　　　　　　D. 成本核算

58. 适用于各种时期使用程度不同的专业机械、设备的固定资产折旧方法是（　　）。

    A. 工作量法　　　　　　　　　B. 平均年限法

    C. 年数总和法　　　　　　　　D. 双倍余额递减法

59. 某分部工程计划工程量为 5 000m³，计划单价为 380 元 /m³，实际完成工程量为 4 500m³，实际单价为 400 元 /m³，则该分部工程的施工费用偏差为（　　）元。

    A. –100 000　　　　　　　　B. –190 000

    C. –200 000　　　　　　　　D. –90 000

60. 分部分项工程成本分析采用"三算"对比分析法，其"三算"对比指的是（　　）的比较。

    A. 概算成本、预算成本、决算成本

    B. 预算成本、目标成本、实际成本

    C. 月度成本、季度成本、年度成本

    D. 预算成本、计划成本、目标成本

二、多项选择题（共 20 题，每题 2 分。每题的备选项中，有 2 个或 2 个以上符合题意，至少有 1 个错项。错选，本题不得分；少选，所选的每个选项得 0.5 分）

61. 根据《工程造价咨询企业管理办法》，有（　　）行为的，由县级以上地方人民政府住房城乡建设主管部门或者有关专业部门给予警告，责令限期改正；逾期未改正的，可处以 5 000 元以上 2 万元以下的罚款。

    A. 同时接受两个以上投标人对同一工程项目的工程造价咨询业务

    B. 转包承接的工程造价咨询业务

    C. 超越资质等级业务范围承接工程造价咨询业务

    D. 跨省、自治区、直辖市承接业务不备案

    E. 新设立的分支机构不备案

62. 资质许可机关应当依法注销工程造价咨询企业资质的情形包括（　　）。

    A. 资质证书丢失的

    B. 工程造价咨询企业依法终止的

    C. 工程造价咨询企业资质被撤销、撤回的

    D. 工程造价咨询企业资质有效期满，未申请延续的

    E. 超越法定职权做出准予工程造价咨询企业资质许可的

63. 根据《价格法》，在制定关系群众切身利益的（　　）时，政府应当建立听证会制度。

A. 公用事业价格
B. 公益性服务价格
C. 自然垄断经营的商品价格
D. 价格波动过大的农产品价格
E. 政府集中采购的商品价格

64. 根据《建筑法》，建筑工程的发包单位可以将该工程的（　　）一并发包给一个工程总承包单位。

A. 代建
B. 施工
C. 监理
D. 设计
E. 设备采购

65. 根据《建设工程安全生产管理条例》，施工单位应当组织专家进行论证、审查的专项施工方案有（　　）。

A. 深基坑工程
B. 地下暗挖工程
C. 脚手架工程
D. 高大模板工程
E. 模板工程

66. 工程项目目标控制的方法包括（　　）。

A. 直方图法
B. 控制图法
C. 香蕉曲线法
D. 排列图法
E. 横道图法

67. 某双代号网络计划见下图，绘图的错误有（　　）。

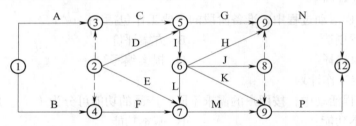

A. 有多个起点节点
B. 有多个终点节点
C. 节点编号有误
D. 存在循环回路
E. 有多余虚工作

68. 某工程双代号时标网络计划进行到第 30 天和第 70 天时，检查其实际进度绘制的前锋线如下图所示，由此可得正确的结论有（　　）。

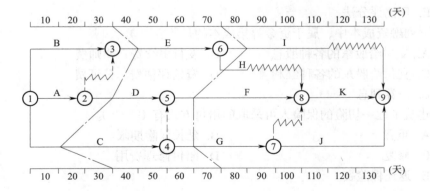

A. 第 30 天检查时，工作 C 实际进度提前 10 天，不影响总工期

B. 第 30 天检查时，工作 D 实际进度正常，不影响总工期

C. 第 70 天检查时，工作 G 实际进度拖后 10 天，影响总工期

D. 第 70 天检查时，工作 F 实际进度拖后 10 天，不影响总工期

E. 第 70 天检查时，工作 H 实际进度正常，不影响总工期

69. 基于互联网的工程项目信息平台的拓展功能包括（   ）。

    A. 多媒体的信息交互   B. 集成电子商务等功能

    C. 网站管理与报告   D. 项目通信与协同工作

    E. 在线项目管理

70. 采用投资收益率指标评价投资方案经济效果的缺点包括（   ）。

    A. 计算需要大量的与投资项目有关的数据，比较麻烦

    B. 没有考虑投资收益的时间因素

    C. 忽视了资金具有时间价值的重要性

    D. 就是正常生产年份的选择比较困难，如何确定带有一定的不确定性和人为因素

    E. 只间接考虑投资回收之前的效果，不能反映投资回收之后的情况

71. 确定基准收益率时应考虑的因素包括（   ）。

    A. 资金成本   B. 机会成本

    C. 通货膨胀   D. 投资风险

    E. 最低盈利率

72. 价值工程活动过程中，准备阶段的主要工作包括（   ）。

    A. 方案创造   B. 方案评价

    C. 对象选择   D. 提案编写

    E. 制定工作计划

73. 价值工程活动中，按用户的需求不同，产品的功能可分为（   ）。

    A. 基本功能   B. 基本功能

    C. 必要功能   D. 不必要功能

    E. 不足功能

74. 价值工程活动中，用来确定产品功能评价值的方法有（   ）。

    A. 多比例评分法   B. 逻辑评分法

    C. 替代评分法   D. 强制评分法

    E. 环比评分法

75. 下列融资成本中，属于资金筹集成本的是（   ）。

    A. 支付给股东的各种股息   B. 发行手续费、律师费

    C. 支付给股东的各种红利   D. 资信评估费、公证费

    E. 债券利息

76. 建筑工程一切险的保险人可采取的赔付方式有（   ）。

    A. 重置   B. 延长保险期限

    C. 修复   D. 赔付修理费用

    E. 返还保险费

77. 流动资产的构成要素一般包括（　　　）。

A. 存货 　　　　　　　　　　B. 库存现金

C. 应收账款 　　　　　　　　D. 预付账款

E. 预收账款

78. 建设单位选择合同类型时应考虑的因素包括（　　　）。

A. 工程项目的复杂程度 　　　B. 工程造价的影响程度

C. 工程项目的设计深度 　　　D. 施工技术的先进程度

E. 施工工期的紧迫程度

79. 施工项目月度成本分析的依据是当月的成本报表，分析的方法和内容包括（　　　）。

A. 通过实际成本与预算成本的对比，分析当月的成本降低水平

B. 通过实际成本与目标成本的对比，分析目标成本的落实情况

C. 通过累计实际与累计预算成本的对比，分析竣工成本降低水平

D. 通过对各成本项目的成本分析，了解成本总量的构成比例

E. 通过对技术组织措施执行效果的分析，寻求更加有效的节约途径

80. 在费用偏差的纠正措施中，组织措施包括（　　　）。

A. 落实费用控制的组织机构和人员

B. 改善费用控制工作流程

C. 明确各级费用控制人员的任务、职责分工

D. 检查费用目标分解是否合理

E. 检查资金使用计划有无保障

同步模拟试卷二参考答案及详解

一、单项选择题

1. A	2. D	3. D	4. C	5. C
6. D	7. B	8. A	9. A	10. B
11. A	12. A	13. C	14. D	15. D
16. A	17. D	18. D	19. D	20. D
21. B	22. D	23. C	24. D	25. C
26. C	27. D	28. B	29. C	30. D
31. A	32. B	33. D	34. D	35. A
36. D	37. C	38. D	39. A	40. B
41. C	42. A	43. D	44. D	45. D
46. A	47. D	48. D	49. D	50. D
51. B	52. D	53. A	54. C	55. C
56. B	57. D	58. A	59. D	60. B

【解析】

1. 本题的考点为建设工程全面造价管理。全过程造价管理是指覆盖建设工程策划决策及建设实施各个阶段的造价管理，故选项 B 错误。全寿命期造价管理主要是指导建设工程的投资决策及设计方案的选择，故选项 C 错误。工程计量与结算、工程变更控制、索赔管理属于工程施工阶段造价管理的内容，故选项 D 错误。

2. 本题的考点为被动控制。立足于调查—分析—决策基础之上的偏离—纠偏—再偏离—再纠偏的控制是一种被动控制。

3. 本题的考点为工程造价咨询企业的业务承接。工程造价咨询企业应当在其资质等级许可的范围内从事工程造价咨询活动。依法从事工程造价咨询活动，不受行政区域限制。其中，乙级工程造价咨询企业可以从事工程造价人民币 5 000 万元以下的各类建设项目的工程造价咨询业务。

4. 本题的考点为甲级工程造价咨询企业资质标准。技术负责人是注册造价工程师，并具有工程或工程经济类高级专业技术职称，且从事工程造价专业工作 15 年以上。

5. 本题的考点为工程造价咨询企业资质证书的变更。工程造价咨询企业的名称、住所、组织形式、法定代表人、技术负责人、注册资本等事项发生变更的，应当自变更确立之日起 30 日内，到资质许可机关办理资质证书变更手续。工程造价咨询企业合并的，合并后存续或者新设立的工程造价咨询企业可以承继合并前各方中较高的资质等级，但应当符合相应的资质等级条件。工程造价咨询企业分立的，只能由分立后的一方承继原工程造价咨询企业资质，但应当符合原工程造价咨询企业资质等级条件。

6. 本题的考点为逾期承诺。受要约人超过承诺期限发出承诺的，除要约人及时通知受要约人该承诺有效的以外，为新要约。

7. 本题的考点为合同的成立。承诺生效时合同成立。当事人采用合同书形式订立合同的，自双方当事人签字或者盖章时合同成立。当事人采用信件、数据电文等形式订立合同的，可以在合同成立之前要求签订确认书。签订确认书时合同成立。

8. 本题的考点为违约责任承担的方式。违约责任的承担方式包括继续履行、采取补救措施、赔偿损失、违约金、定金。

9. 本题的考点为施工许可证的申领。除国务院建设行政主管部门确定的限额以下的小型工程外，在建筑工程开工前，建设单位应当按照国家有关规定向工程所在地县级以上人民政府建设行政主管部门申请领取施工许可证。

10. 本题的考点为工程竣工验收备案。建设单位应当自建设工程竣工验收合格之日起15日内，将建设工程竣工验收报告和规划、公安消防、环保等部门出具的认可文件或者准许使用文件报建设行政主管部门或者其他有关部门备案。

11. 本题的考点为施工许可证的有效期限。建设单位应当自领取施工许可证之日起3个月内开工。因故不能按期开工的，应当向发证机关申请延期；延期以两次为限，每次不超过3个月。

12. 本题的考点为代建制。项目法人责任制适用于政府投资的经营性项目，工程代建制适用于政府投资的非经营性项目。

13. 本题的考点为联合投标。两个以上法人或者其他组织可以组成一个联合体，以一个投标人的身份共同投标。联合体各方应当签订共同投标协议，明确约定各方拟承担的工作和责任，并将共同投标协议连同投标文件一并提交给招标人。联合体中标的，联合体各方应当共同与招标人签订合同，就中标项目向招标人承担连带责任。

14. 本题的考点为资格预审文件和招标文件的发售期。资格预审文件或者招标文件的发售期不得少于5日。

15. 本题的考点为项目投资决策管理制度。企业投资建设《政府核准的投资项目目录》中的项目时，仅需向政府提交项目申请报告，不再经过批准项目建议书、可行性研究报告和开工报告的程序。

16. 本题的考点为因果分析图法。因果分析图又叫树枝图或鱼刺图，是用来寻找某种质量问题产生原因的有效工具。

17. 本题的考点为流水强度。流水强度是指流水施工的某施工过程（队）在单位时间内所完成的工程量，也称为流水能力或生产能力。

18. 本题的考点为固定节拍流水施工的特点。固定节拍流水施工是一种最理想的流水施工方式，其特点如下：①所有施工过程在各个施工段上的流水节拍均相等；②相邻施工过程的流水步距相等，且等于流水节拍；③专业工作队数等于施工过程数，即每一个施工过程成立一个专业工作队，由该队完成相应施工过程所有施工段上的任务；④各个专业工作队在各施工段上能够连续作业，施工段之间没有空闲时间。

19. 本题的考点为流水施工工期的计算。计算过程如下：

（1）求各施工过程流水节拍的累加数列：

施工过程Ⅰ：3，8，12，16

施工过程Ⅱ：4，8，11，15

施工过程Ⅲ：3，7，9，12

（2）错位相减求得差数列：

Ⅰ与Ⅱ：　3，8，12，16

－）　　　4，8，11，15

────────────────

　　　3，4，4，5，-15

Ⅱ与Ⅲ：　4，8，11，15

－）　　　3，7，9，12

────────────────

　　　4，5，4，6，-12

（3）在差数列中取最大值求得流水步距：

施工过程Ⅰ与Ⅱ之间的流水步距：$K_{1,2}$=max（3，3，3，5，-15）=5（天）。

施工过程Ⅱ与Ⅲ之间的流水步距：$K_{2,3}$=max（4，5，4，6，-12）=6（天）。

（4）流水施工工期 =［（5+6）+（3+4+2+3）］=23（天）。

20. 本题的考点为关键线路的确定。在双代号网络计划中，线路上总的持续时间最长的线路为关键线路。本题中的关键线路有：①→⑤→⑦，①→②→④→⑤→⑦，①→②→④→⑥→⑦，①→③→⑥→⑦。

21. 本题的考点为双代号时标网络计划的计算。关于本题首先应从终点节点逆着箭线到起点节点，找出关键线路为：①→②→③→⑥→⑦→⑩→⑪。

F 工作的最迟完成时间 = 最早完成时间 + 总时差

F 工作的最迟完成时间 =5+2=7（天）

H 工作的最迟完成时间 = 最早完成时间 + 总时差

H 工作的最迟完成时间 =9+2=11（天）。

22. 本题的考点为自由时差和总时差。该工作的持续时间延长了 4 天，小于 5 天的总时差，说明并不影响总工期。M 的自由时差为 2 天，4-2=2（天），该工作导致其紧后工作的最早开始时间推迟 2 天，故选项 D 正确。

23. 本题的考点为单代号网络计划有关时间参数的计算。在单代号网络计划计算中，相邻两项工作之间的时间间隔等于紧后工作的最早开始时间和本工作的最早完成时间之差。工作 A 的最早完成时间为 4。工作 D 的最早开始时间为 6，则工作 A 和 D 之间的时间间隔 =6-4=2（天）。

24. 本题的考点为工期优化。所谓工期优化，是指网络计划的计算工期不满足要求工期时，通过压缩关键工作的持续时间以满足要求工期目标的过程。

25. 本题的考点为工程竣工日期确定。当事人对建设工程实际竣工日期有争议的，按照以下情形分别处理：建设工程经竣工验收合格的，以竣工验收合格之日为竣工日期；承包人已经提交竣工验收报告，发包人拖延验收的，以承包人提交验收报告之日为竣工日期；建设工程未经竣工验收，发包人擅自使用的，以转移占有建设工程之日为竣工日期。

26. 本题的考点为组合－互斥型方案选择。组合－互斥型方案是指在若干可采用的独立方案中，如果有资源约束条件（如受资金、劳动力、材料、设备及其他资源拥有量限制），只能从中选择一部分方案实施时，可以将它们组合为互斥型方案。本题可供选择的方案共有：5 000+6 000、5 000+8 000、5 000+12 000、6 000+8 000、6 000+12 000、

8 000+12 000、5 000+6 000+8 000 这 7 个组合方案。

27. 本题的考点为基准收益率 i_c 的确定。当项目完全由企业自有资金投资时，可参考行业基准收益率；可以理解为一种资金的机会成本。当项目投资由自有资金和贷款组成时，最低收益率不应低于行业基准收益率与贷款利率的加权平均收益率。如果有几种不同的贷款时，贷款利率应为加权平均贷款利率。

28. 本题的考点为互斥型方案的比选。净年值法的判别准则为：净年值大于或等于零且净年值最大的方案为相对最优方案。本题中：

$NAV_丙 = -2\ 000\ (A/P,\ 12\%,\ 12) +350 = -2\ 000×0.161\ 44+350 = 27.12$（万元）；

$NAV_丁 = -2\ 000\ (A/P,\ 12\%,\ 15) +300 = -2\ 000×0.146\ 82+300 = 6.36$（万元）。

根据计算结果可知：$NAV_乙 > NAV_丙 > NAV_丁 > NAV_甲$，所以较优的方案为乙方案。

29. 本题的考点为总投资收益率。总投资收益率（ROI）$= EBIT/TI×100\%$，式中，$EBIT$ 表示项目达到设计生产能力后正常年份的年息税前利润或运营期内年平均息税前利润；TI 表示项目总投资。

30. 本题的考点为净现值与基准收益率关系。净现值的计算公式为：$NPV = \sum_{t=0}^{n} (CI-CO)_t$ $(1+i_c)^{-t}$，由公式可以看出，基准收益率越大，净现值越小。

31. 本题的考点为折算费用法选择方案。年折算费用计算公式如下：$Z_j = I_j×i_c+C_j$，式中 Z_j 表示第 j 个方案的年折算费用；I_j 表示第 j 个方案的总投资；i_c 表示基准收益率，C_j 表示第 j 个方案的年经营成本。本题计算过程为：甲方案 =50 万元 +0.03 万元 /t×10 000 万 t= 350 万元；乙方案 =90 万元 +0.025 万元 /t×10 000 万 t=340 万元。甲方案大于乙方案，表明乙方案在经济上是可行的。

32. 本题的考点为价值工程的三个基本要素。价值工程涉及价值、功能和寿命周期成本 3 个基本要素。

33. 本题的考点为价值工程创新阶段的工作内容。价值工程创新阶段的工作内容包括方案创造、方案评价、提案编写。

34. 本题的考点为价值指数分析。$V_I<1$，评价对象的成本比重大于其功能比重，应将评价对象列为改进对象，改善方向主要是降低成本。$V_I>1$，此时评价对象的成本比重小于其功能比重。出现这种情况的原因可能有三种：①由于现实成本偏低，不能满足评价对象实现其应具有的功能的要求，致使对象功能偏低，这种情况应列为改进对象，改善方向是增加成本；②对象目前具有的功能已经超过其应该具有的水平，也即存在过剩功能，这种情况也应列为改进对象，改善方向是降低功能水平；③对象在技术、经济等方面具有某些特征，在客观上存在着功能很重要而消耗的成本却很少的情况，这种情况一般不列为改进对象。

35. 本题的考点为价值工程功能分类。价值工程中的功能，一般是指必要功能。

36. 本题的考点为寿命周期成本分析。在分析寿命周期成本时，首先要明确寿命周期成本所包括的费用项目，也就是必须建立寿命周期成本的构成体系。

37. 本题的考点为资本金管理。投资项目的资本金一次认缴，并根据批准的建设进度按比例逐年到位。投资项目在可行性研究报告中要就资本金筹措情况作出详细说明，包括出资方、出资方式、资本金来源及数额、资本金认缴进度等有关内容。投资项目资本金只能用于项目建设，不得挪作他用，更不得抽回。凡资本金不落实的投资项目，一律不得开工建设。

38. 本题的考点为加权平均资金成本率的计算。优先股的资金成本 =9%/（1-3%）=9.28%，应付长期债券的资金成本 =7%×（1-25%）/（1-5%）=5.53%。该企业的加权平均资金成本率 =9.28%×1 200 万元 /4 000 万元 +5.53%×2 800 万元 /4 000 万元 =6.65%。

39. 本题的考点为新设法人项目资本金筹措。有些情况下，投资者可以准资本金方式投入资金，包括优先股、股东借款等。

40. 本题的考点为 PFI 项目融资方式的特点。PFI 与私有化不同，公共部门要么作为服务的主要购买者，要么充当实施项目的基本的法定授权控制者，这是政府部门必须坚持的基本原则；同时，与买断经营也有所不同，买断经营方式中的私营企业受政府的制约较小，是比较完全的市场行为，私营企业既是资本财产的所有者又是服务的提供者。PFI 方式的核心旨在增加包括私营企业参与的公共服务或者是公共服务的产出大众化。

41. 本题的考点为工程寿命周期成本的常用估算方法。类比估算法在开发研究的初期阶段运用。通常在不能采用费用模型法和参数估算法时才采用，但实际上它是应用得最广泛的方法。

42. 本题的考点为项目资本金管理。投资项目在可行性研究报告中要就资本金筹措情况作出详细说明。

43. 本题的考点为新设法人项目资本金筹措。新设法人项目资本金筹措的方式有：①在资本市场募集股本资金：私募和公开募集；②合资合作：公开募集是在证券市场上公开向社会发行销售。在证券市场上公开发行股票，需要取得证券监管机关的批准。

44. 本题的考点为债券融资的缺点。选项 A、B、C 属于发行债券融资的优点。债券筹资的缺点：①可能产生财务杠杆负效应；②可能使企业总资金成本增大；③经营灵活性降低。

45. 本题的考点为资金成本的计算。根据公式 $K=\dfrac{D}{P（1-f）}$，可知，K=3 000 万元 × 15%/［3 000 万元 ×（1-3%）］=15.46%。

46. 本题的考点为 TOT 融资方式的特点。选项 B 表述的是 BOT 的特点。TOT 的特点是：不需要太复杂的信用保证结构。TOT 只涉及转让经营权，不存在产权、股权等问题，故选项 C 错误。采用 TOT，投资者购买的是正在运营的资产和对资产的经营权，资产收益具有确定性，故选项 D 错误。

47. 本题的考点为项目融资的主要方式。PFI 方式的核心旨在增加包括私营企业参与的公共服务或者是公共服务的产出大众化。

48. 本题的考点为物有所值定性评价的补充指标。补充评价指标主要是六项基本评价指标未涵盖的其他影响因素，包括项目规模大小、预期使用寿命长短、主要固定资产种类、全生命周期成本测算准确性、运营收入增长潜力、行业示范性等。

49. 本题的考点为增值税。销售额为纳税人发生应税销售行为收取的全部价款和价外费用，但不包括收取的销项税额，故选项 C 错误。

50. 本题的考点为企业所得税的税率。企业所得税实行 25% 的比例税率。

51. 本题的考点为经济结构指标。经济结构指标反映项目对经济结构的影响，主要包括三次产业结构、就业结构、影响力系数等指标。

52. 本题的考点为限额设计。限额设计的实施是建设工程造价目标的动态反馈和管理过程。

53. 本题的考点为设计概预算文件的作用。设计概预算文件是确定建设工程造价的文件，是工程建设全过程造价控制、考核工程项目经济合理性的重要依据。

54. 本题的考点为施工图预算审查的方法。全面审查法，又称逐项审查法，是指按预算定额顺序或施工的先后顺序，逐一进行全部审查。其优点是全面、细致，审查的质量高；缺点是工作量大，审查时间较长。对比审查法优点是审查速度快，但同时需要具有较为丰富的相关工程数据库作为开展工作的基础。重点抽查法优点是重点突出，审查时间较短，审查效果较好，不足之处是对审查人员的专业素质要求较高，在审查人员经验不足或了解情况不够的情况下，极易造成判断失误，严重影响审查结论的准确性。筛选审查法优点是便于掌握，审查速度较快；缺点是有局限性，较适用于住宅工程或不具备全面审查条件的工程项目。

55. 本题的考点为解释合同文件的优先顺序。除专用合同条款另有约定外，解释合同文件的优先顺序如下：①合同协议书；②中标通知书；③投标函及投标函附录；④专用合同条款；⑤通用合同条款；⑥技术标准和要求；⑦图纸；⑧已标价工程量清单；⑨其他合同文件。

56. 本题的考点为施工承包单位的索赔程序。施工承包单位应在发出索赔意向通知书后 28 天内，向监理人正式递交索赔通知书。索赔通知书应详细说明索赔理由以及要求追加的付款金额和（或）延长的工期，并附必要的记录和证明材料。

57. 本题的考点为施工成本管理。工程项目成本核算是施工承包单位成本管理最基础的工作。

58. 本题的考点为工作量法。工作量法是指按照固定资产生产经营过程中所完成的工作量计提折旧的一种方法，是由平均年限法派生出来的一种方法。适用于各种时期使用程度不同的专业机械、设备。

59. 本题的考点为费用偏差的计算。费用偏差（CV）= 已完工程计划费用（$BCWP$）− 已完工程实际费用（$ACWP$），其中：已完工程计划费用（$BCWP$）= $\sum$ 已完工程量（实际工程量）× 计划单价，已完工程实际费用（$ACWP$）= $\sum$ 已完工程量（实际工程量）× 实际单价。本题的计算过程为：费用偏差（CV）= 4 500m^3 × 380 元 /m^3 − 4 500m^3 × 400 元 /m^3 = −90 000 元。

60. 本题的考点为分部分项工程成本分析。分部分项工程成本分析是施工项目成本分析的基础。分部分项工程成本分析的对象为主要的已完分部分项工程。分析的方法是：进行预算成本、目标成本和实际成本的"三算"对比。

二、多项选择题

61. DE	62. BCD	63. ABC	64. BDE	65. ABD
66. ABCD	67. AC	68. BCE	69. ABE	70. BCD
71. ABCD	72. CE	73. CD	74. ABDE	75. BD

76. ACD   77. ABCD   78. ACDE   79. ABDE   80. ABC

【解析】

61. 本题的考点为经营违规的责任。有下列行为之一的，向县级以上地方人民政府建设主管部门或者有关专业部门给予警告，责令限期改正；逾期未改正的，可处以 5 000 元以上 2 万元以下的罚款：①新设立的分支机构不备案的；②跨省、自治区、直辖市承接业务不备案的。

62. 本题的考点为工程造价咨询企业资质注销的规定。资质许可机关应当依法注销工程造价咨询企业资质的情形包括：①工程造价咨询企业资质有效期满，未申请延续的；②工程造价咨询企业资质被撤销、撤回的；③工程造价咨询企业依法终止的；④法律、法规规定的应当注销工程造价咨询企业资质的其他情形。

63. 本题的考点为政府的定价依据。政府应当依据有关商品或者服务的社会平均成本和市场供求状况、国民经济与社会发展要求以及社会承受能力，实行合理的购销差价、批零差价、地区差价和季节差价。制定关系群众切身利益的公用事业价格、公益性服务价格、自然垄断经营的商品价格时，应当建立听证会制度，征求消费者、经营者和有关方面的意见。

64. 本题的考点为建筑工程发包。建筑工程的发包单位可以将建筑工程的勘察、设计、施工、设备采购一并发包给一个工程总承包单位。但是，不得将应当由一个承包单位完成的建筑工程肢解成若干部分发包给几个承包单位。

65. 本题的考点为安全技术措施和专项施工方案。施工单位应当在施工组织设计中编制安全技术措施和施工现场临时用电方案，对下列达到一定规模的危险性较大的分部分项工程编制专项施工方案，并附具安全验算结果，经施工单位技术负责人、总监理工程师签字后实施，由专职安全生产管理人员进行现场监督：基坑支护与降水工程；土方开挖工程；模板工程；起重吊装工程；脚手架工程；拆除、爆破工程；国务院建设行政主管部门或者其他有关部门规定的其他危险性较大的工程。上述所列工程中涉及深基坑、地下暗挖工程、高大模板工程的专项施工方案，施工单位还应当组织专家进行论证、审查。

66. 本题的考点为工程项目目标控制方法。工程项目目标的常用控制方法包括网络计划法、S 曲线法、香蕉曲线法、排列图法、因果分析图法、直方图法、控制图法。

67. 本题的考点为双代号网络图的绘图规则。①、②均为起点节点。存在两个⑨。

68. 本题的考点为网络计划执行中的控制。第 30 天检查时，工作 C 拖后 20 天，其总时差为 0，将影响总工期 20 天，故选项 A 错误。工作 D 实际进度正常，不影响总工期，故选项 B 正确。第 70 天检查时，工作 G 拖后 10 天，其总时差为 0，将影响总工期 10 天，故选项 C 正确。工作 F 拖后 10 天，其总时差为 0，将影响总工期 10 天，故选项 D 错误。工作 H 实际进度正常，不影响总工期，故选项 E 正确。

69. 本题的考点为基于互联网的工程项目信息平台的拓展功能。选项 C、D 为基于互联网的工程项目信息平台的基本功能。

70. 本题的考点为投资收益率指标的优点与不足。投资收益率指标的经济意义明确、直观，计算简便，在一定程度上反映了投资效果的优劣，可适用于各种投资规模。但不足的是，没有考虑投资收益的时间因素，忽视了资金具有时间价值的重要性；指标计算的主观随意性太强，换句话说，就是正常生产年份的选择比较困难，如何确定带有一定的不确定性和人为因素。

71. 本题的考点为确定基准收益率时应考虑的因素。确定基准收益率时应考虑以下因素：资金成本和机会成本、投资风险、通货膨胀。

72. 本题的考点为价值工程的工程程序。价值工程活动过程中，准备阶段的主要工作包括对象选择、组成价值工程工作小组、制定工作计划。

73. 本题的考点为功能分类。价值工程活动中，按用户的需求不同，产品的功能可分为必要功能和不必要功能。

74. 本题的考点为确定功能重要性系数。确定功能重要性系数的关键是对功能进行打分，常用的打分方法有强制打分法（0—1 评分法或 0—4 评分法）、多比例评分法、逻辑评分法、环比评分法等。

75. 本题的考点为资金筹集成本。资金筹集成本是指在资金筹集过程中所支付的各项费用，如发行股票或债券支付的印刷费、发行手续费、律师费、资信评估费、公证费、担保费、广告费等。

76. 本题的考点为建筑工程一切险的赔偿处理。保险人可有三种赔偿方式，即以现金支付赔款、修复或重置、赔付修理费用。

77. 本题的考点为流动资产的构成要素。流动资产的构成要素一般包括存货、库存现金、应收账款和预付账款。

78. 本题的考点为选择合同类型应考虑的因素。建设单位应综合考虑以下因素来选择适合的合同类型：①工程项目的复杂程度；②工程项目的设计深度；③施工技术的先进程度；④施工工期的紧迫程度。

79. 本题的考点为月（季）度成本分析。月（季）度成本分析的依据是当月（季）的成本报表。分析的方法通常包括：①通过实际成本与预算成本的对比，分析当月（季）的成本降低水平；通过累计实际成本与累计预算成本的对比，分析累计的成本降低水平，预测实现工程项目成本目标的前景；②通过实际成本与目标成本的对比，分析目标成本的落实情况，以及目标管理中的问题和不足，进而采取措施，加强成本管理，保证工程成本目标的落实；③通过对各成本项目的成本分析，可以了解成本总量的构成比例和成本管理的薄弱环节。对超支幅度大的成本项目，应深入分析超支原因，并采取对应的增收节支措施，防止今后再超支；④通过主要技术经济指标的实际与目标对比，分析产量、工期、质量、"三材"节约率、机械利用率等对成本的影响；⑤通过对技术组织措施执行效果的分析，寻求更加有效的节约途径；⑥分析其他有利条件和不利条件对成本的影响。

80. 本题的考点为费用偏差的纠正措施。费用偏差的组织措施包括落实费用控制的组织机构和人员，明确各级费用控制人员的任务、职责分工，改善费用控制工作流程等。选项 D、E 属于经济措施。

同步模拟试卷三

一、单项选择题（共 60 题，每题 1 分。每题的备选项中，只有 1 个最符合题意）

1. 建设工程典型的价格交易形式是（　　）。
   A. 业主方估算的全部固定资产投资
   B. 承发包双方共同认可的承发包价格
   C. 经政府投资主管部门审批的设计概算
   D. 建设单位编制的工程竣工决算价格

2. 按照优先性的原则，协调和平衡工期、质量、安全、环境保护与成本之间的对立统一关系，反映了（　　）造价管理的思想。
   A. 全要素　　　　　　　　　　B. 全方位
   C. 全过程　　　　　　　　　　D. 全寿命期

3. 二级造价工程师可独立开展的具体工作是（　　）。
   A. 建设工程设计概算、施工（图）预算的编制和审核
   B. 建设工程计价依据、造价指标的编制与管理
   C. 建设工程招标投标文件工程量和造价的编制与审核
   D. 建设工程量清单、最高投标限价、投标报价的编制

4. 应用 BIM 技术可以进一步加载费用数据，形成（　　），从而实现工程造价的模拟计算。
   A. 3D 模型　　　　　　　　　　B. 5D 模型
   C. 基础数据　　　　　　　　　　D. 4D 模型

5. 根据《工程造价咨询企业管理办法》，属于甲级工程造价咨询企业资质标准的是（　　）。
   A. 企业注册资本不少于 50 万元
   B. 人均办公建筑面积不少于 $6m^2$
   C. 企业近 3 年工程造价咨询营业收入累计不低于 500 万元
   D. 专职专业人员中取得造价工程师注册证书的人员不少于 6 人

6. 下列情形中，可构成缔约过失责任的是（　　）。
   A. 当事人双方串通牟利签订合同，造成第三方损失
   B. 因自然灾害，当事人无法执行签订合同的计划，造成对方的损失
   C. 当事人因合同谈判破裂，泄露对方商业机密，造成对方损失
   D. 合同签订后，当事人拒付合同规定的预付款，使合同无法履行，造成对方损失

7. 当事人既约定违约金，又约定定金的，一方违约时，对方（　　）条款。
   A. 应当适用违约金　　　　　　B. 应当适用定金
   C. 可以同时适用违约金和定金　　D. 可以选择适用违约金或者定金

8. 根据《建筑法》，设计文件中选用的建筑材料、建筑构配件和设备，应当

注明（　　）。

A. 生产厂家　　　　　　　　B. 市场价格

C. 规格、型号　　　　　　　D. 保修期限

9. 根据《建设工程质量管理条例》，施工人员对涉及结构安全的试块、试件以及有关材料，应当在（　　）监督下现场取样，并送具有相应资质等级的质量检测单位进行检测。

A. 建设单位或工程监理单位　　　B. 设计单位或监理单位

C. 施工单位或建设单位　　　　　D. 建设工程质量监督机构或监理单位

10. 合同争议的解决方式不包括（　　）。

A. 和解　　　　　　　　　　B. 调解

C. 仲裁或者诉讼　　　　　　D. 行政复议

11. 根据《合同法》，关于定金的说法，错误的是（　　）。

A. 给付定金的一方如不履行债务，无权要求返还定金

B. 当事人就迟延履行约定违约金的，违约方支付违约金后，还应当履行债务

C. 当事人既约定违约金，又约定定金的，一方违约时，对方只能选择适用定金条款

D. 收受定金的一方不履行约定的债务的，应当双倍返还定金

12. 根据《国务院关于投资体制改革的决定》，对于采用贷款贴息方式的政府投资项目，政府只审批（　　）。

A. 项目建议书　　　　　　　B. 可行性研究报告

C. 资金申请报告　　　　　　D. 初步设计和概算

13. 关于项目后评价的说法，错误的是（　　）。

A. 项目后评价的基本方法是对比法

B. 工程项目竣工验收交付使用，是工程项目管理的终结

C. 项目效益后评价是项目后评价的重要组成部分

D. 过程后评价是指对工程项目的立项决策、设计施工、竣工投产、生产运营等全过程进行系统分析

14. 关于 CM 承包模式的说法，正确的是（　　）。

A. CM 合同采用固定单价的计价方式

B. CM 单位赚取总包与分包之间的差价

C. 与总分包模式相比，CM 单位与分包单位之间的合同价是非公开的

D. 采用快速路径法施工

15. 用来确定年度施工项目的投资额和年末形象进度，并阐明建设条件落实情况的是（　　）。

A. 投资计划年度分配表　　　B. 年度建设资金平衡表

C. 年度计划项目表　　　　　D. 年度竣工投产交付使用计划表

16. 工程项目目标控制方法中，可用来判断工程进度偏差的是（　　）。

A. 直方图法　　　　　　　　B. 因果分析图法

C. 排列图法　　　　　　　　D. 香蕉曲线法

17. 下列流水施工参数中，可以用来表达流水施工在空间布置上开展状态的参数是（   ）。

    A. 流水节拍   B. 施工段
    C. 流水步距   D. 施工过程

18. 某分部工程划分为两个施工过程、3 个施工段组织流水施工，流水节拍分别为 3、4、2 天和 3、5、4 天，则流水步距为（   ）天。

    A. 2   B. 3
    C. 4   D. 5

19. 某工程有 3 个施工过程，分为 4 个施工段组织流水施工。流水节拍分别为：2、3、4、3 天；4、2、3、5 天；3、2、2、4 天。则流水施工工期为（   ）天。

    A. 17   B. 19
    C. 20   D. 21

20. 某双代号网络图如下图所示，正确的是（   ）。

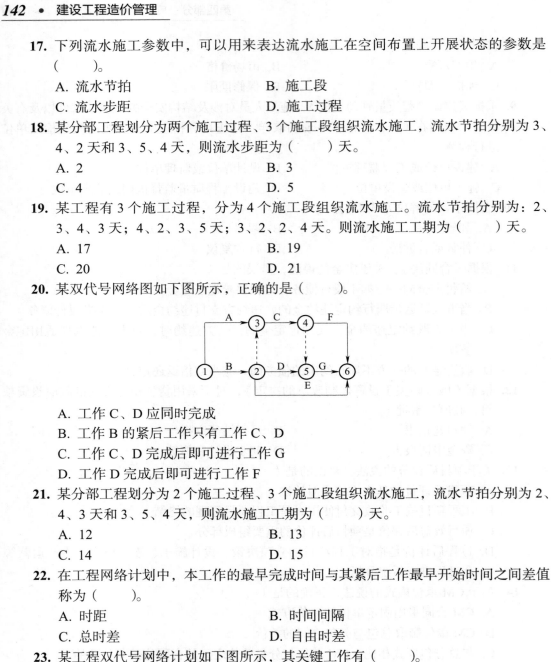

    A. 工作 C、D 应同时完成
    B. 工作 B 的紧后工作只有工作 C、D
    C. 工作 C、D 完成后即可进行工作 G
    D. 工作 D 完成后即可进行工作 F

21. 某分部工程划分为 2 个施工过程、3 个施工段组织流水施工，流水节拍分别为 2、4、3 天和 3、5、4 天，则流水施工工期为（   ）天。

    A. 12   B. 13
    C. 14   D. 15

22. 在工程网络计划中，本工作的最早完成时间与其紧后工作最早开始时间之间差值称为（   ）。

    A. 时距   B. 时间间隔
    C. 总时差   D. 自由时差

23. 某工程双代号网络计划如下图所示，其关键工作有（   ）。

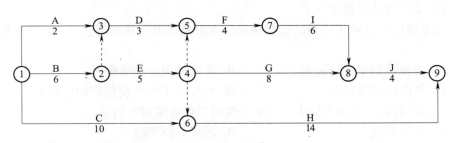

    A. 工作 B、E、F、I   B. 工作 D、F、I、J

C. 工作 B、E、G　　　　　　D. 工作 C、H

24. 某网络计划中，工作 A 有两项紧后工作 C 和 D，C、D 工作的持续时间分别为 12 天、7 天，C、D 工作的最迟完成时间分别为第 18 天、第 10 天，则工作 A 的最迟完成的时间是第（　　）天。

A. 5　　　　　　　　　　　　B. 3

C. 8　　　　　　　　　　　　D. 6

25. 某施工企业向银行借款 300 万元，期限为 2 年，年利率为 6%，半年复利计息一次，第 2 年末还本付息，则到期企业需支付给银行的利息为（　　）万元。

A. 18. 27　　　　　　　　　　B. 30. 45

C. 37. 08　　　　　　　　　　D. 37. 65

26. 某项目设计年产量为 6 万件，每件售价为 1 000 元，单位产品可变成本为 350 元，单位产品销售税金及附加为 150 元，年固定成本为 360 万元，则用生产能力利用率表示的项目盈亏平衡点为（　　）。

A. 30%　　　　　　　　　　　B. 15%

C. 9%　　　　　　　　　　　D. 12%

27. 组织建设工程流水施工时，根据施工组织及计划安排需要而将计划任务划分成的子项称为（　　）。

A. 工作面　　　　　　　　　　B. 施工段

C. 施工过程　　　　　　　　　D. 流水步距

28. 某公司以单利方式一次性借入资金 2 000 万元，借款期限为 3 年，年利率为 8%，期满一次还本付息，则第 3 年末应偿还的本利和为（　　）万元。

A. 2 160　　　　　　　　　　B. 2 240

C. 2 480　　　　　　　　　　D. 2 519

29. 将技术方案经济效果评价分为静态分析和动态分析的依据是（　　）。

A. 评价方法是否考虑主观因素

B. 评价指标是否能够量化

C. 经济效果评价是否考虑融资的影响

D. 评价方法是否考虑时间因素

30. 某项目运营期第 4 年的有关财务数据为：利润总额 2 000 万元，全部为应纳所得税额，所得税率为 25%；当年计提折旧 600 万元，不计摊销；当年应还本 1 200 万元，付息 300 万元。本年度该项目的偿债备付率为（　　）。

A. 1.75　　　　　　　　　　　B. 1.6

C. 1.5　　　　　　　　　　　D. 1.4

31. 通过比较各个方案在共同研究期内的净现值来对方案进行比选，以（　　）的方案为最佳方案。

A. 净年值最大　　　　　　　　B. 净现值最大

C. 净现值最小　　　　　　　　D. 净年值最小

32. 提高价值最为理想的途径是（　　）。

A. 在提高产品功能的同时，又降低产品成本

    B. 在产品成本不变的条件下，提高利用资源的效果或效用

    C. 在保持产品功能不变的前提下，达到提高产品价值的目的

    D. 在产品功能略有下降、产品成本大幅度降低的情况下，提高产品价值

33. 在价值工程活动中，首先将产品的各种部件按成本由高到低排列，然后绘制成本累积分配图，然后将成本累积占成本 70% ~ 80% 的零部件作为价值工程主要研究对象的方法称为（　　）。

    A. 因素分析法　　　　　　　　　B. 百分比分析法

    C. 强制确定法　　　　　　　　　D. ABC 分析法

34. 在价值工程活动中，可用来确定功能重要性系数的强制评分法是（　　）。

    A. 环比评分法　　　　　　　　　B. 逻辑评分法

    C. 0—4 评分法　　　　　　　　　D. 多比例评分法

35. 价值工程活动中，在对方案进行评价时，无论是概略评价还是详细评价，一般可先进行（　　）。

    A. 技术评价　　　　　　　　　　B. 经济评价

    C. 社会评价　　　　　　　　　　D. 综合评价

36. 进行投资方案敏感性分析的目的是（　　）。

    A. 分析不确定因素在未来发生变动的概率

    B. 说明不确定因素在未来发生变动的范围

    C. 度量不确定因素对投资效果的影响程度

    D. 尽量减少风险、增加决策可靠性

37. 价值工程的核心是对产品进行（　　）分析。

    A. 功能　　　　　　　　　　　　B. 成本

    C. 价值　　　　　　　　　　　　D. 结构

38. 价值工程活动中，功能整理的主要任务是（　　）。

    A. 建立功能系统图　　　　　　　B. 分析产品功能特性

    C. 编制功能关联表　　　　　　　D. 进行产品功能计量

39. 价值工程应用中，如果评价对象的价值系数 $V<1$，则正确的策略是（　　）。

    A. 剔除不必要功能或降低现实成本

    B. 剔除过剩功能及降低现实成本

    C. 不将评价对象作为改进对象

    D. 提高现实成本或降低功能水平

40. 下列工程寿命周期成本中，属于社会成本的是（　　）。

    A. 建筑产品使用过程中的电力消耗

    B. 工程施工对原有植被可能造成的破坏

    C. 建筑产品使用阶段的人力资源消耗

    D. 工程建设征地拆迁可能引发的不安定因素

41. 关于项目资本金制度的说法，错误的是（　　）。

    A. 项目法人不承担项目资本金的任何利息和债务

    B. 项目资本金不得以任何方式抽回

C. 项目资本金是债务性资金

D. 项目资本金是指在项目总投资中由投资者认缴的出资额

42. 既有法人作为项目法人筹措项目资本金时，属于其外部资金来源的是（　　）。

A. 企业增资扩股 B. 企业资产变现

C. 企业的现金 D. 企业产权转让

43. 关于优先股的说法，错误的是（　　）。

A. 优先股没有还本期限

B. 优先股股息固定

C. 相对于其他借款融资，优先股的受偿顺序通常靠后

D. 优先股的股利可以像债券利息一样在税前扣除

44. 关于资金成本性质的说法，错误的是（　　）。

A. 资金成本可以全部列入产品成本

B. 资金成本与资金的时间价值既有联系，又有区别

C. 资金的时间价值与资金成本都基于同一个前提，即资金或资本参与任何交易活动都有代价

D. 资金成本表现为资金占用额的函数

45. 某公司发行面额为 2 000 万元的 8 年期债券，票面利率为 12%，发行费用率为 4%，发行价格为 2 300 万元，公司所得税税率为 25%，则该债券成本率为（　　）。

A. 7.82% B. 8.15%

C. 10.78% D. 13.36%

46. 企业发生的公益性捐赠支出，在年度利润总额（　　）以内的部分，准予在计算应纳税所得额时扣除。

A. 12% B. 15%

C. 18% D. 20%

47. 与转让房地产有关的税金中，房地产开发企业不应扣除的是（　　）。

A. 增值税 B. 城市维护建设税

C. 教育费附加 D. 印花税

48. 投保人参保第三者责任险的建筑工程项目，保险人须负责赔偿因（　　）造成的损失和费用。

A. 由于震动、移动或减弱支撑而造成的财产损失

B. 领有公共运输行驶执照的车辆造成的事故

C. 因发生与承保工程直接相关的意外事故引起工地内的第三者人身伤亡

D. 工程所有人所雇佣的在工地现场从事与工程有关工作的职员的人身伤亡

49. 判断是否采用 PPP 模式代替政府传统投资运营方式提供公共服务项目的一种评价方式是（　　）。

A. 物有所值评价 B. 资金盈利能力评价

C. 股权投资支出评价 D. 工艺技术评价

50. 已知某项目的年总成本费用为 2 000 万元，年销售费用、管理费用合计为总成本

费用的 15%，年折旧费为 200 万元，年摊销费为 50 万元，年利息支出为 100 万元，则该项目的年经营成本为（　　）万元。

A. 650

B. 1 350

C. 1 650

D. 1 750

51. 应用全寿命期费用评价法计算费用时，应采用（　　）。

A. 年度等值法

B. 净现值法

C. 经验判断法

D. 方案评分法

52. 资金使用计划的编制是在（　　）的基础上进行的。

A. 成本预测

B. 成本分析

C. 工程项目结构分解

D. 成本核算

53. 折旧基础数随着使用年限变化而变化的折旧方法是（　　）。

A. 平均年限法

B. 工作量法

C. 双倍余额递减法

D. 年数总和法

54. 根据《标准施工招标文件》，暂停施工后的复工通知应由（　　）发出。

A. 发包人

B. 建设工程行政主管部门

C. 设计人

D. 监理人

55. 根据 FIDIC《施工合同条件》的规定，下列关于指定分包商的表述，错误的是（　　）。

A. 指定分包商与承包商签订分包合同

B. 在合同关系方面与一般分包商处于监督与被监督的关系

C. 对指定分包商的付款应从暂定金额内开支

D. 对分包商施工过程的监督、协调工作应纳入承包商的管理之中

56. 施工项目成本分析的基础是（　　）。

A. 分部分项工程成本分析

B. 月（季）度成本分析

C. 年度成本分析

D. 竣工成本的综合分析

57. 根据《标准施工招标文件》，因不可抗力事件导致的损害及其费用增加，应由承包人承担的是（　　）。

A. 工程本身的损害

B. 发包方现场的人员伤亡

C. 工程所需的修复费用

D. 承包人的施工机械损坏

58. 某固定资产原值为 20 万元，现评估市值为 25 万元，预计使用年限为 10 年，净残值率为 5%。采用平均年限法折旧，则年折旧额为（　　）万元。

A. 1.90

B. 2.00

C. 2.38

D. 2.50

59. 根据《标准施工招标文件》，由发包人提供材料和工程设备的，发包人要求向承包人提前交货的，（　　）。

A. 应事先报请监理人批准

B. 承包人由此增加的费用由自己承担

C. 承包人不得拒绝

D. 应事先通知监理人

60. 某施工企业对商品混凝土的施工成本进行分析，发现其目标成本是 44 万元，实际成本是 48 万元，因此要分析产量、单价、损耗率等因素对混凝土成本的影响

程度，最适宜采用的分析方法是（　　）。

A. 比较法
B. 构成比率法
C. 因素分析法
D. 动态比率法

二、多项选择题（共 20 题，每题 2 分。每题的备选项中，有 2 个或 2 个以上符合题意，至少有 1 个错项。错选，本题不得分；少选，所选的每个选项得 0.5 分）

61. 工程计价的特征体现在（　　）。

A. 计价的单件性
B. 计价的多次性
C. 计价的组合性
D. 计价方法的多样性
E. 计价依据的单一性

62. 根据《招标投标法实施条例》，评标委员会应当否决投标的情形有（　　）。

A. 投标人有串通投标、弄虚作假、行贿等违法行为
B. 投标联合体没有提交共同投标协议
C. 投标文件未经投标单位盖章和单位负责人签字
D. 投标报价高于招标文件设定的最高投标限价
E. 投标报价高于工程成本

63. 下列情形中的货物或者服务，可以依照《政府采购法》采用单一来源方式采购的是（　　）。

A. 只能从唯一供应商处采购的
B. 发生了不可预见的紧急情况不能从其他供应商处采购的
C. 具有特殊性，只能从有限范围的供应商处采购的
D. 采用公开招标方式的费用占政府采购项目总价值的比例过大的
E. 必须保证原有采购项目一致性，需要继续从原供应商处添购，且添购资金总额不超过原合同采购金额 10% 的

64. 根据《建筑工程施工质量验收统一标准》GB 50300，下列工程中，属于分部工程的是（　　）。

A. 地基与基础
B. 通风与空调
C. 智能建筑
D. 建筑电气
E. 土方开挖工程

65. 计算房地产开发企业应纳土地增值税时，可以从收入中据实扣除的房地产开发成本包括（　　）。

A. 土地的征用及拆迁补偿费
B. 前期工程费
C. 建筑安装费
D. 基础设施费
E. 开发项目有关的财务费用

66. 异步距异节奏流水施工的特点包括（　　）。

A. 专业工作队数大于施工过程数
B. 各个专业工作队在施工段上能够连续作业
C. 施工段之间无空闲时间
D. 不同施工过程之间的流水节拍不尽相等

E. 相邻施工过程之间的流水步距不尽相等

67. 某单代号网络图如下图所示，存在的错误有（　　　）。

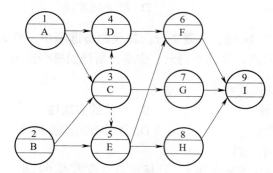

A. 多个起点节点　　　　　　　　B. 有多余虚箭线

C. 出现交叉箭线　　　　　　　　D. 没有终点节点

E. 出现循环回路

68. 在合同履行中发生（　　　）的情形，属于发包人违约。

A. 发包人原因造成停工

B. 承包人实质上已停止履行合同

C. 监理人无正当理由没有在预定期限内发出复工指示，导致承包人无法复工

D. 发包人无法继续履行合同

E. 发包人明确表示不履行合同

69. 下列投资方案经济效果评价指标中，属于投资方案经济效果静态评价指标的是（　　　）。

A. 资产负债率　　　　　　　　　B. 利息备付率

C. 投资收益率　　　　　　　　　D. 净现值

E. 内部收益率

70. 关于投资回收期指标的优点和不足的说法中，正确的是（　　　）。

A. 投资回收期指标容易理解，计算也比较简便

B. 考虑了资金的时间价值，并全面考虑了项目在整个计算期内的经济状况

C. 项目投资回收期在一定程度上显示了资本的周转速度

D. 投资回收期没有全面考虑投资方案整个计算期内的现金流量

E. 投资回收期无法准确衡量方案在整个计算期内的经济效果

71. 作为投资方案经济效果评价指标，净现值和内部收益率的共同特点是（　　　）。

A. 均考虑资金的时间价值　　　　B. 均不受外部参数的影响

C. 均有唯一的取值　　　　　　　D. 均能反映未收回投资的收益率

E. 均可对独立方案进行评价

72. 基准收益率的确定一般以行业的平均收益率为基础，同时综合考虑（　　　）影响因素。

A. 资金成本　　　　　　　　　　B. 投资风险

C. 沉没成本　　　　　　　　　　D. 通货膨胀

E. 资金限制

73. 下列方法中，可在价值工程活动中用于方案创造的有（　　）。

A. 专家检查法　　　　　　　　B. 列表比较法

C. 专家意见法　　　　　　　　D. 方案清单法

E. 头脑风暴法

74. 必须借助于其他方法转化为可直接计量的成本的工程寿命周期成本有（　　）。

A. 环境成本　　　　　　　　　B. 社会成本

C. 管理成本　　　　　　　　　D. 使用成本

E. 建设成本

75. 下列资金成本中，属于资金占用费的有（　　）。

A. 债券利息　　　　　　　　　B. 筹资过程中支付的广告费

C. 贷款利息　　　　　　　　　D. 发行债券支付的印刷费

E. 发行手续费

76. 关于契税计税依据的说法中，正确的是（　　）。

A. 房屋赠予，以房屋评估价为计税依据

B. 房屋交换，以房屋的原值之和为计税依据

C. 国有土地使用权出让，以成交价格为计税依据

D. 划拨取得的土地使用权，以土地评估价为计税依据

E. 采取分期付款方式购买房屋附属设施的土地使用权以合同规定的总价款为计税依据

77. 在经济效果评价中，若以总成本费用为基础计算经营成本，应从总成本费用中扣除的费用项目有（　　）。

A. 折旧费用　　　　　　　　　B. 销售费用

C. 摊销费用　　　　　　　　　D. 管理费用

E. 利息支出

78. 根据《标准施工招标文件》，发包人在合同履行过程中的义务包括（　　）。

A. 应按合同约定及时组织竣工验收

B. 应委托监理人按合同约定的时间向承包人发出开工通知

C. 应按合同约定向承包人及时支付合同价款

D. 应按合同约定采取施工安全措施

E. 应协助承包人办理法律规定的有关施工证件和批件

79. 成本分析的基本方法包括（　　）。

A. 比较法　　　　　　　　　　B. 差额计算法

C. 比率法　　　　　　　　　　D. 因素分析法

E. 目标利润法

80. 在常用的偏差分析方法中，表格法的优点表现在（　　）。

A. 灵活　　　　　　　　　　　B. 适用性强

C. 信息量大　　　　　　　　　D. 简单

E. 形象

同步模拟试卷三参考答案及详解

一、单项选择题

1. B	2. A	3. D	4. B	5. C
6. C	7. D	8. C	9. A	10. D
11. C	12. C	13. B	14. D	15. C
16. D	17. B	18. C	19. C	20. C
21. D	22. A	23. A	24. D	25. D
26. D	27. C	28. C	29. C	30. D
31. B	32. A	33. D	34. C	35. A
36. D	37. A	38. A	39. B	40. D
41. C	42. A	43. D	44. A	45. D
46. A	47. D	48. C	49. A	50. C
51. A	52. C	53. C	54. D	55. B
56. A	57. D	58. A	59. C	60. C

【解析】

1. 本题的考点为工程造价的含义。工程承发包价格是一种重要且较为典型的工程造价形式，是在建筑市场通过发承包交易（多数为招标投标），由需求主体（投资者或建设单位）和供给主体（承包商）共同认可的价格。

2. 本题的考点为全要素造价管理的核心。全要素造价管理的核心是按照优先性的原则，协调和平衡工期、质量、安全、环保与成本之间的对立统一关系。

3. 本题的考点为二级造价工程师执业范围。二级造价工程师主要协助一级造价工程师开展相关工作，可独立开展以下具体工作：

（1）建设工程工料分析、计划、组织与成本管理，施工图预算、设计概算的编制；

（2）建设工程量清单、最高投标限价、投标报价的编制；

（3）建设工程合同价款、结算价款和竣工决算价款的编制。

4. 本题的考点为 BIM 技术在工程项目中的应用。应用 BIM 技术，可根据施工组织设计在 3D 建筑模型的基础上加施工进度形成 4D 模型模拟实际施工，再进一步加载费用数据，形成 5D 模型，从而实现工程造价的模拟计算。

5. 本题的考点为甲级工程造价咨询企业资质标准。甲级工程造价咨询企业资质标准规定，企业近 3 年工程造价咨询营业收入累计不低于人民币 500 万元。企业注册资本不少于人民币 100 万元。具有固定的办公场所，人均办公建筑面积不少于 $10m^2$。专职从事工程造价专业工作的人员不少于 20 人。其中，具有工程或者工程经济类中级以上专业技术职称的人员不少于 16 人，注册造价工程师不少于 10 人，其他人员均需要具有从事工程造价专业工作的经历。

6. 本题的考点为缔约过失责任的构成要件。缔约过失责任发生于合同不成立或者合同无效的缔约过程。其构成条件：①当事人有过错。若无过错，则不承担责任；②有损害后果的发生。若无损失，亦不承担责任；③当事人的过错行为与造成的损失有因果关系。

7. 本题的考点为定金与违约金的适用。当事人既约定违约金，又约定定金的，一方违约时，对方可以选择适用违约金或者定金条款。

8. 本题的考点为建筑工程质量管理。设计文件选用的建筑材料、建筑构配件和设备，应当注明其规格、型号、性能等技术指标，其质量要求必须符合国家规定的标准。

9. 本题的考点为质量检验。根据《建设工程质量管理条例》，施工单位必须按照工程设计要求、施工技术标准和合同约定，对建筑材料、建筑构配件、设备和商品混凝土进行检验，检验应当有书面记录和专人签字；未经检验或者检验不合格的，不得使用。施工人员对涉及结构安全的试块、试件以及有关材料，应当在建设单位或者工程监理单位监督下现场取样，并送具有相应资质等级的质量检测单位进行检测。

10. 本题的考点为合同争议的解决方式。合同争议是指合同当事人之间对合同履行状况和合同违约责任承担等问题所产生的意见分歧。合同争议的解决方式有和解、调解、仲裁或者诉讼。

11. 本题的考点为定金。当事人既约定违约金，又约定定金的，一方违约时，对方可以选择适用违约金或者定金条款，故选项 C 错误。

12. 本题的考点为项目投资决策管理制度。根据《国务院关于投资体制改革的决定》，对于采用直接投资和资本金注入方式的政府投资项目，政府需要从投资决策的角度审批项目建议书和可行性研究报告，除特殊情况外，不再审批开工报告，同时还要严格审批其初步设计和概算；对于采用投资补助、转贷和贷款贴息方式的政府投资项目，则只审批资金申请报告。

13. 本题的考点为项目后评价。工程项目竣工验收交付使用，只是工程建设完成的标志，而不是工程项目管理的终结，故选项 B 错误。

14. 本题的考点为 CM 承包模式。CM 合同采用成本加酬金的计价方式，故选项 A 错误。CM 单位不赚取总包与分包之间的差价，故选项 B 错误。与总分包模式相比，CM 单位与分包单位或供货单位之间的合同价是公开的，故选项 C 错误。

15. 本题的考点为年度计划项目表。年度计划项目表用来确定年度施工项目的投资额和年末形象进度，并阐明建设条件（图纸、设备、材料、施工力量）的落实情况。

16. 本题的考点为香蕉曲线法。香蕉曲线法的原理与 S 曲线法的原理基本相同，其主要区别在于：香蕉曲线是以工程网络计划为基础绘制的。与 S 曲线法相同，香蕉曲线同样可用来控制工程造价和工程进度。

17. 本题的考点为空间参数。空间参数是指在组织流水施工时，用以表达流水施工在空间布置上开展状态的参数。通常包括工作面和施工段。选项 A、C 为时间参数。选项 D 为工艺参数。

18. 本题的考点为流水步距的计算。该分部工程组织的是非节奏流水施工，采用累加数列错位相减取大差法计算流水步距。累加数列错位相减：

$$
\begin{array}{r}
3,\ 7,\ 9 \\
-)\qquad 3,\ 8,\ 12 \\
\hline
3,\ 4,\ 1,\ -12
\end{array}
$$

流水步距 =max（3，4，1，–12）=4（天）。

19. 本题的考点为流水施工工期的确定。①各施工过程流水节拍的累加数列：施工过程 Ⅰ：2，5，9，12；施工过程 Ⅱ；4，6，9，14；施工过程 Ⅲ：3，5，7，11。②流水步距等于错位相减求大差：施工过程 Ⅰ 与 Ⅱ 之间的流水步距：$K_{1,2}$=max(2，1，3，3，–14)=3（天）；施工过程 Ⅱ 与 Ⅲ 之间的流水步距：$K_{2,3}$=max（4，3，4，7，–11）=7（天）。③工期 T=3+7+（3+2+2+4）=21（天）。

20. 本题的考点为双代号网络图的相关知识。工作 C、D 为平行工作，不一定要同时完成，故选项 A 错误。工作 B 的紧后工作有工作 C、D、E，故选项 B 错误。工作 C、D 为工作 G 的紧前工作，当两项工作均完成后即可进行工作 G，故选项 C 正确。工作 D 完成后即可进行工作 G，故选项 D 错误。

21. 本题的考点为流水施工工期的计算。从流水节拍的特点可以看出，该工程按非节奏流水施工方式组织施工。①采用"累加数列错位相减取大差法"求流水步距：

$$
\begin{array}{r}
2,\ 6,\ 9 \\
-)\qquad 3,\ 8,\ 12 \\
\hline
2,\ 3,\ 1,\ -12
\end{array}
$$

在差数列中取最大值求得流水步距：K=max（2，3，1，–12）=3（天）。②计算流水施工工期：T=$\sum K$+$\sum t_n$=3+3+5+4=15（天）。

22. 本题的考点为相邻两项工作之间的时间间隔。相邻两项工作之间的时间间隔是指本工作的最早完成时间与其紧后工作最早开始时间之间可能存在的差值。

23. 本题的考点为双代号网络计划中关键线路的确定。工作的持续时间总和最大的线路为关键线路，关键线路上的工作为关键工作。本题的关键线路为：①→②→④→⑤→⑦→⑧→⑨；①→②→④→⑥→⑨。所以关键工作为工作 B、E、F、I。

24. 本题的考点为按工作法计算双代号网络计划时间参数。工作 C 的最迟开始时间 =18–12=6，工作 D 的最迟开始时间 =10–7=3。工作 A 的最迟完成的时间 =min（6，3）=3。

25. 本题的考点为利息的计算。根据公式：利息 $I = P\left[\left(1+\dfrac{r}{m}\right)^{m}-1\right]$，半年复利计息，其利率为 6%/2。本题中企业需支付给银行的利息 =300 万元 × $\left[\left(1+6\%/2\right)^{4}-1\right]$=37.65 万元。

26. 本题的考点为用生产能力利用率表示的盈亏平衡点的计算。生产能力利用率表示的盈亏平衡点 BEP（%）的计算公式为：BEP（%）= 年固定总成本 /（销售收入 – 年可变成本 – 年销售税金及附加）。计算过程为：BEP（%）=3 600 000 元 /[（1 000–350–150）元 / 件 ×60 000 件]=12%。

27. 本题的考点为施工过程的概念。组织建设工程流水施工时，根据施工组织及计划安排需要而将计划任务划分成的子项称为施工过程。

28. 本题的考点为利息的计算。单利是指在计算每个周期的利息时，仅考虑最初的本金，而不计入在先前计息周期中所累积增加的利息，即通常所说的"利不生利"的计息方法。本题的计算过称为：第 3 年末应偿还的本利和 =2 000 万元 ×（1+3×8%）=2 480 万元。

29. 本题的考点为经济效果评价的内容。按是否考虑资金时间价值，经济效果评价方法又可分为静态评价方法和动态评价方法。

30. 本题的考点为偿债备付率的计算。偿债备付率（DSCR）是指项目在借款偿还期内，各年可用于还本付息的资金（$EBITDA-T_{AX}$）与当期应还本付息金额（PD）的比值，它表示可用于还本付息的资金偿还借款本息的保障程度，应按下式计算：$DSCR=（EBITDA-T_{AX}）/PD$，本年度该项目的偿债备付率：[600+2 000×（1-25%）+300] /（1 200+300）=1.6。

31. 本题的考点为互斥方案比选。研究期的确定一般以互斥方案中通过比较各个方案在共同研究期内的净现值来对方案进行比选，以净现值最大的方案为最佳方案。

32. 本题的考点为提高价值工程的途径。在提高产品功能的同时，又降低产品成本，这是提高价值最为理想的途径。

33. 本题的考点为价值工程对象选择的常用方法。ABC 分析法的基本思路是：首先把一个产品的各种部件按成本的大小由高到低排列起来，然后绘成费用累积分配图，然后将占总成本70% ~ 80%而占零部件总数10% ~ 20%的零部件划分为 A 类部件；将占总成本5% ~ 10%而占零部件总数60% ~ 80%的零部件划分为 C 类；其余为 B 类。其中 A 类零部件是价值工程的主要研究对象。

34. 本题的考点为强制评分法。强制评分法又称 FD 法，包括 0—1 评分法和 0—4 评分法两种方法，它是采用一定的评分规则，采用强制对比打分来评定评价对象的功能重要性。

35. 本题的考点为价值工程方案评价。在对方案进行评价时，无论是概略评价还是详细评价，一般可先进行技术评价，再分别进行经济评价和社会评价，最后进行综合评价。

36. 本题的考点为敏感性分析的目的。敏感性分析是工程项目经济评价时经常用到的一种方法，在一定程度上定量描述了不确定因素的变动对项目投资效果的影响，有助于搞清项目对不确定因素的不利变动所能容许的风险程度，有助于鉴别敏感因素，从而能够及早排除那些无足轻重的变动因素，将进一步深入调查研究的重点集中在那些敏感因素上，或者针对敏感因素制定出管理和应变对策，以达到尽量减少风险、增加决策可靠性的目的。

37. 本题的考点为价值工程的核心。价值工程的核心是对产品进行功能分析。

38. 本题的考点为功能整理。功能整理的主要任务就是建立功能系统图。

39. 本题的考点为功能价值 V 的计算方法——功能成本法。V<1，即功能现实成本大于功能评价值。表明评价对象的现实成本偏高，而功能要求不高。这时，一种可能是由于存在着过剩的功能，另一种可能是功能虽无过剩，但实现功能的条件或方法不佳，以致使实现功能的成本大于功能的现实需要。这两种情况都应列入功能改进的范围，并且以剔除过剩功能及降低现实成本为改进方向，使成本与功能比例趋于合理。

40. 本题的考点为工程寿命周期社会成本。建设某个工程项目可以增加社会就业率，有助于社会安定，这种影响就不应计算为成本。如果一个工程项目的建设会增加社会的运行成本，如由于工程建设引起大规模的移民，可能增加社会的不安定因素，这种影响就应计算为社会成本。

41. 本题的考点为项目资本金制度。项目资本金是非债务性资金，故选项 C 错误。

42. 本题的考点为资本金筹措渠道与方式。外部资金来源包括既有法人通过在资本市场发行股票和企业增资扩股，以及一些准资本金手段，如发行优先股获取外部投资人的权益资金投入，同时也包括接受国家预算内资金为来源的融资方式。

43. 本题的考点为优先股。优先股与普通股相同的是没有还本期限，与债券特征相似的是股息固定。相对于其他借款融资，优先股的受偿顺序通常靠后，对于项目公司其他债权人来说，可视为项目资本金。优先股融资成本较高，且股利不能像债券利息一样在税前扣除。

44. 本题的考点为资金成本的性质。资金成本只有一部分具有产品成本的性质，即这一部分耗费计入产品成本，而另一部分则作为利润的分配，不能列入产品成本。

45. 本题的考点为资金成本的计算。根据 $K_B = \dfrac{I_t(1-T)}{B(1-f)}$，债券成本率 $K_B = \dfrac{2\,000 \times 12\% \times (1-25\%)}{2\,300 \times (1-4\%)} = 8.15\%$。

46. 本题的考点为所得税的计税依据。企业发生的公益性捐赠支出，在年度利润总额 12% 以内的部分，准予在计算应纳税所得额时扣除。

47. 本题的考点为与转让房地产有关的税金。非房地产开发企业扣除：增值税、城市维护建设税、教育费附加和印花税；房地产开发企业因印花税已列入管理费用中，故不允许在此扣除。

48. 本题的考点为第三者责任的保险责任范围。第三者责任的保险责任范围：①在保险期限内，因发生与承保工程直接相关的意外事故引起工地内及邻近区域的第三者人身伤亡、疾病或财产损失，依法应由被保险人承担的经济赔偿责任，保险公司负责赔偿；②对被保险人因上述原因而支付的诉讼费用以及事先经保险公司书面同意而支付的其他费用，保险公司亦负责赔偿。

49. 本题的考点为物有所值评价。在中国境内拟采用 PPP 模式实施的项目，应该在项目识别或准备阶段开展物有所值评价。

50. 本题的考点为经营成本的计算。经营成本 = 总成本费用 – 折旧费 – 摊销费 – 利息支出或外购原材料、燃料及动力费 + 工资及福利费 + 修理费 + 其他费用 = （2\,000–200–50–100）= 1\,650（万元）。

51. 本题的考点为设计方案的评价方法。应用全寿命期费用评价法计算费用时，不用净现值法，而用年度等值法，以年度费用最小者为最优方案。

52. 本题的考点为资金使用计划的编制。资金使用计划的编制是在工程项目结构分解的基础上，将工程造价的总目标值逐层分解到各个工作单元，形成各分目标值及各详细目标值，从而可以定期地将工程项目中各个子目标实际支出额与目标值进行比较，以便于及时发现偏差，找出偏差原因并及时采取纠正措施，将工程造价偏差控制在一定范围内。

53. 本题的考点为双倍余额递减法。双倍余额递减法是指按照固定资产账面净值和固定的折旧率计算折旧的方法，它属于一种加速折旧的方法。其年折旧率是平均年限法的两倍，并且在计算年折旧率时不考虑预计净残值率。采用这种方法时，折旧率是固定的，但计算基数逐年递减。

54. 本题的考点为暂停施工后的复工。暂停施工后，监理人应与发包人和承包人协商，采取有效措施积极消除暂停施工的影响。当工程具备复工条件时，监理人应立即向承包人发出复工通知。

55. 本题的考点为指定分包的相关内容。由于指定分包商是与承包商签订分包合同，因而在合同关系方面与一般分包商处于同等地位，对其施工过程的监督、协调工作应纳入承包商的管理之中。为了不损害承包商的利益，给指定分包商的付款应从暂定金额内开支。

56. 本题的考点为施工项目成本分析的基础。分部分项工程成本分析是施工项目成本分析的基础。分部分项工程成本分析的对象为主要的已完分部分项工程。

57. 本题的考点为不可抗力后果及其处理。除专用合同条款另有约定外，不可抗力导致的人员伤亡、财产损失、费用增加和（或）工期延误等后果，由合同双方按以下原则承担：①永久工程，包括已运至施工场地的材料和工程设备的损害，以及因工程损害造成的第三者人员伤亡和财产损失由发包人承担；②承包人设备的损坏由承包人承担；③发包人和承包人各自承担其人员伤亡和其他财产损失及其相关费用；④承包人的停工损失由承包人承担，但停工期间应监理人要求照管工程和清理、修复工程的金额由发包人承担；⑤不能按期竣工的，应合理延长工期，承包人不需支付逾期竣工违约金。发包人要求赶工的，承包人应采取赶工措施，赶工费用由发包人承担。

58. 本题的考点为平均年限法计算折旧。平均年限法的计算公式为：

$$年折旧率 = \frac{1-预计净残值率}{折旧年限}$$

$$年折旧额 = 固定资产原值 \times 年折旧率$$

计算过程为：

$$年折旧率 =（1-5\%）\div 10 \times 100\% = 9.5\%$$
$$年折旧额 = 20\,万元 \times 9.5\% = 1.90\,万元$$

59. 本题的考点为《标准施工招标文件》对材料和工程设备的规定。发包人要求向承包人提前交货的，承包人不得拒绝，但发包人应承担承包人由此增加的费用。

60. 本题的考点为施工成本的分析方法。施工成本分析的基本方法包括比较法、因素分析法、差额计算法、比率法等。其中因素分析法可用来分析各种因素对成本的影响程度。在进行分析时，首先要假定众多因素中的一个因素发生了变化，而其他因素则不变，在前一个因素变动的基础上分析第二个因素的变动，然后逐个替换，分别比较其计算结果，以确定各个因素的变化对成本的影响程度。

二、多项选择题

61. ABCD	62. ABCD	63. ABE	64. ABCD	65. ABCD
66. BDE	67. AB	68. ACDE	69. ABC	70. ACDE

| 71. AE | 72. ABDE | 73. ACE | 74. AB | 75. AC |
| 76. CE | 77. ACE | 78. ABCE | 79. ABCD | 80. ABC |

【解析】

61. 本题的考点为工程计价的特征。由工程项目的特点决定，工程计价具有以下特征：①计价的单件性；②计价的多次性；③计价的组合性；④计价方法的多样性；⑤计价依据的复杂性。

62. 本题的考点为投标否决。有下列情形之一的，评标委员会应当否决其投标：①投标文件未经投标单位盖章和单位负责人签字；②投标联合体没有提交共同投标协议；③投标人不符合国家或者招标文件规定的资格条件；④同一投标人提交两个以上不同的投标文件或者投标报价，但招标文件要求提交备选投标的除外；⑤投标报价低于成本或者高于招标文件设定的最高投标限价；⑥投标文件没有对招标文件的实质性要求和条件作出响应；⑦投标人有串通投标、弄虚作假、行贿等违法行为。

63. 本题的考点为政府采购的方式。根据《政府采购法》，符合下列情形之一的货物或服务，可以采用单一来源方式采购：①只能从唯一供应商处采购的；②发生不可预见的紧急情况，不能从其他供应商处采购的；③必须保证原有采购项目一致性或服务配套的要求，需要继续从原供应商处添购，且添购资金总额不超过原合同采购金额 10% 的。

64. 本题的考点为分部（子分部）工程。根据《建筑工程施工质量验收统一标准》GB 50300，建筑工程包括：地基与基础、主体结构、装饰装修、屋面、给排水及采暖、通风与空调、建筑电气、智能建筑、建筑节能、电梯等分部工程。

65. 本题的考点为可以从收入中据实扣除的房地产开发成本。可以从收入中据实扣除的房地产开发成本包括土地的征用及拆迁补偿费、前期工程费、建筑安装费、基础设施费、公共配套设施费、开发间接费用。

66. 本题的考点为异步距异节奏流水施工的特点。异步距异节奏流水施工的特点包括：①同一施工过程在各个施工段上的流水节拍均相等，不同施工过程之间的流水节拍不尽相等；②相邻施工过程之间的流水步距不尽相等；③专业工作队数等于施工过程数；④各个专业工作队在施工段上能够连续作业，施工段之间可能存在空闲时间。

67. 本题的考点为单代号网络图的绘制。绘制网络图时，箭线不宜交叉，当交叉不可避免时，可采用过桥法或指向法绘制。单代号网络图中工作之间的逻辑关系容易表达，且不用虚箭线，故选项 B 错误。单代号网络图中只应有一个起点节点和一个终点节点，故选项 A 错误。

68. 本题的考点为发包人违约的情形。在合同履行中发生下列情形的，属发包人违约：①发包人未能按合同约定支付预付款或合同价款，或拖延、拒绝批准付款申请和支付凭证，导致付款延误；②发包人原因造成停工；③监理人无正当理由没有在预定期限内发出复工指示，导致承包人无法复工；④发包人无法继续履行或明确表示不履行或实质上已停止履行合同；⑤发包人不履行合同约定的其他义务。

69. 本题的考点为投资方案评价指标。选项 D、E 为投资方案经济效果动态评价指标。

70. 本题的考点为投资回收期指标的优点和不足。投资回收期指标容易理解，计算也比较简便；项目投资回收期在一定程度上显示了资本的周转速度。显然，资本周转速度越快，回收越短，风险越小，盈利越多。这对于那些技术上更新迅速的项目或资金相当短缺的项目或未来情况很难预测而投资者又特别关心资金补偿的项目进行分析是特别有用的。但不足的是，投资回收期没有全面考虑投资方案整个计算期内的现金流量，即：只间接考虑投资回收之前的效果，不能反映投资回收之后的情况，即无法准确衡量方案在整个计算期内的经济效果。

71. 本题的考点为净现值法与内部收益率法的比较。净现值指标考虑了资金的时间价值，并全面考虑了项目在整个计算期内的经济状况。内部收益率指标考虑了资金的时间价值以及项目在整个计算期内的经济状况，能够直接衡量项目未回收投资的收益率。对于具有非常规现金流量的项目来讲，其内部收益率往往不是唯一的，在某些情况下甚至不存在。用净现值和内部收益率均可对独立方案进行评价，且结论是一致的。净现值法计算简便，但得不出投资过程收益程度，且受外部参数（i_c）的影响；内部收益率法较为烦琐，但能反映投资过程的收益程度，而内部收益率法的大小不受外部参数影响，完全取决于投资过程的现金流量。

72. 本题的考点为基准收益率的确定。基准收益率的确定一般以行业的平均收益率为基础，同时综合考虑资金成本、投资风险、通货膨胀以及资金限制等影响因素。

73. 本题的考点为方案创造的方法。在价值工程活动中用于方案创造的方法有头脑风暴法、歌顿法、专家意见法和专家检查法。

74. 本题的考点为工程寿命周期成本。在工程寿命周期成本中，环境成本和社会成本都是隐性成本，它们不直接表现为量化成本，而必须借助于其他方法转化为可直接计量的成本，这就使得它们比经济成本更难以计量。

75. 本题的考点为资金占用费的组成。资金使用成本又称为资金占用费，是指占用资金而支付的费用，它主要包括支付给股东的各种股息和红利、向债权人支付的贷款利息以及支付给其他债权人的各种利息费用等。选项 B、D、E 属于资金筹集成本。

76. 本题的考点为契税的计税依据。契税计税依据有以下几种情况：①国有土地使用权出让、土地使用权出售、房屋买卖，以成交价格为计税依据；②土地使用权赠予、房屋赠予，由征收机关参照土地使用权出售、房屋买卖的市场价格核定；③土地使用权交换、房屋交换，以所交换的土地使用权、房屋的价格差额为计税依据；④以划拨方式取得土地使用权，经批准转让房地产时，由房地产转让者补交契税，计税依据为补交的土地使用权出让费用或者土地收益；⑤采取分期付款方式购买房屋附属设施土地使用权、房屋所有权的，应按合同规定的总价款计征契税。

77. 本题的考点为经营成本的计算公式。经营成本 = 总成本费用 − 折旧费 − 摊销费 − 利息支出 = 外购原材料、燃料及动力费 + 工资及福利费 + 修理费 + 其他费用。

78. 本题的考点为发包人的义务。发包人在合同履行过程中的一般义务包括：①在履行合同过程中应遵守法律，并保证承包人免予承担因发包人违反法律而引起的任何责任；②应委托监理人按合同约定的时间向承包人发出开工通知；③应按专用合同条款的约定向承包人提供施工场地，以及施工场地内地下管线和地下设施等有关资料，并保证资料的真实、准确、完整；④应协助承包人办理法律规定的有关施工证件和批件；⑤应根据合同进度计划，组织设计单位向承包人进行设计交底；⑥应按合同约定向承包人及时支付合同价款；⑦应按合同约定及时组织竣工验收；⑧应履行合同约定的其他义务。

79. 本题的考点为成本的分析方法。成本分析的基本方法包括比较法、因素分析法、差额计算法、比率法等。

80. 本题的考点为表格法的优点。应用表格法进行偏差分析具有如下优点：灵活、适用性强，可根据实际需要设计表格；信息量大，可反映偏差分析所需的资料，从而有利于工程造价管理人员及时采取针对措施，加强控制；表格处理可借助于电子计算机，从而节约大量人力，并提高数据处理速度。

同步模拟试卷四

一、单项选择题（共 60 题，每题 1 分。每题的备选项中，只有 1 个最符合题意）

1. 关于工程计价特征的说法中，错误的（   ）。

　　A. 工程结算文件一般由建设单位编制，由监理单位审查

　　B. 建筑产品的单件性特点决定了每项工程都必须单独计算造价

　　C. 多次计价是个逐步深入细化和不断接近实际造价的过程

　　D. 工程项目多次计价有不同的计价依据，每次计价的精确度要求也不同

2. 造价工程师执业时应持（   ）。

　　A. 职称证书和注册证书　　　　　B. 执业资格证书和职称证书

　　C. 注册证书和执业印章　　　　　D. 执业印章和执业资格证书

3. 根据《工程造价咨询企业管理办法》，工程造价咨询企业跨省、自治区、直辖市承接工程造价咨询业务的，应当自承接业务之日起（   ）日内到建设工程所在地人民政府建设主管部门备案。

　　A. 15　　　　　　　　　　　　　B. 20

　　C. 30　　　　　　　　　　　　　D. 45

4. 有关 PMC 的叙述中，错误的是（   ）。

　　A. 项目管理承包商代表政府进行项目管理

　　B. 项目管理承包商作为业主项目管理的延伸

　　C. 项目管理承包商只是管理 EPC 承包商而不承担任何 EPC 工作

　　D. 项目管理承包商对项目进行监督和检查

5. 根据《合同法》，下列变更中属于新要约的是（   ）。

　　A. 要约确认方式的变更　　　　　B. 合同履行地点的变更

　　C. 承诺生效地点的变更　　　　　D. 合同文件寄送方式的变更

6. 根据《建筑法》，涉及建筑主体和承重结构变动的装修工程，应当在施工前委托原设计单位或者（   ）提出设计方案。

　　A. 其他设计单位　　　　　　　　B. 监理单位

　　C. 具有相应资质等级的设计单位　D. 装修施工企业

7. 招标人对已发出的招标文件进行必要的澄清或者修改的，应当在招标文件要求提交投标文件截止时间至少（   ）日前，以书面形式通知所有招标文件收受人。

　　A. 15　　　　　　　　　　　　　B. 20

　　C. 30　　　　　　　　　　　　　D. 45

8. 下列情形中的货物或者服务，可以依照《政府采购法》采用竞争性谈判方式采购的是（   ）。

　　A. 不能事先计算出价格总额的

　　B. 只能从唯一供应商处采购的

C. 具有特殊性，只能从有限范围的供应商处采购的

D. 采用公开招标方式的费用占政府采购项目总价值的比例过大的

9. 根据《合同法》，下列关于格式条款的说法，错误的是（　　）。

    A. 对格式条款的理解发生争议，且对格式条款有两种以上解释的，应当做出不利于提供格式条款一方的解释

    B. 格式条款和非格式条款不一致的，应当采用格式条款

    C. 提供格式条款一方免除自己责任、加重对方责任、排除对方主要权利的，该条款无效

    D. 《合同法》规定的合同无效的情形适用于格式合同条款

10. 根据《合同法》，债权人领取提存物的权利期限为（　　）年。

    A. 1   B. 2

    C. 4   D. 5

11. 根据《建筑工程施工质量验收统一标准》GB 50300，下列工程中，属于分项工程的是（　　）。

    A. 电梯工程   B. 砖砌体工程

    C. 主体结构工程   D. 装饰装修工程

12. 2018 年 9 月 15 日，甲公司与丙公司订立书面协议转让其对乙公司的 30 万元债权，同年 9 月 25 日甲公司将该债权转让通知了乙公司。关于该案的说法，正确的是（　　）。

    A. 甲公司与丙公司之间的债权转让协议于 2018 年 9 月 25 日生效

    B. 丙公司自 2018 年 9 月 15 日起可以向乙公司主张 30 万元的债权

    C. 甲公司和乙公司就 30 万元债务的清偿对丙公司承担连带责任

    D. 甲公司和丙公司之间的债权转让行为于 2018 年 9 月 25 日对乙公司发生效力

13. 工程项目采用合作体承包模式的特点是（　　）。

    A. 能够集中联合体成员单位优势，增强抗风险能力

    B. 有利于控制工程质量

    C. 有利于工程项目的组织管理

    D. 建设单位的组织协调工作量小，但风险较大

14. 工程项目管理组织机构形式中，能根据工程任务的实际情况灵活地组建与之相适应的管理机构，具有较大的机动性和灵活性的是（　　）组织机构。

    A. 直线制   B. 职能制

    C. 矩阵制   D. 直线职能制

15. 下列工程项目目标控制措施中，属于技术措施的是（　　）。

    A. 挖掘潜在工作能力、加强相互沟通

    B. 参加合同谈判

    C. 对工程概、预算进行审核

    D. 在整个项目实施阶段寻求保障工期和质量的措施

16. 关于平行承包特点的说法中，正确的是（　　）。

    A. 建设单位可以在更大范围内选择承包单位

B. 施工单位数量较少，对业主合同管理有利

C. 组织管理和协调工作量较小

D. 工程造价控制难度小

17. 拥有专职的、具有较大权限的项目经理以及专职项目管理人员的矩阵组织形式的是（　　）。

　　A. 强矩阵制组织形式　　　　　　B. 中矩阵制组织形式

　　C. 小矩阵制组织形式　　　　　　D. 弱矩阵制组织形式

18. 项目管理规划大纲是项目管理工作中具有战略性、全局性和宏观性的指导文件，由（　　）在投标时编制。

　　A. 项目经理　　　　　　　　　　B. 企业管理层

　　C. 企业法人　　　　　　　　　　D. 项目总工

19. 通过质量控制的动态分析能随时了解生产过程中的质量变化情况，预防出现废品。下列方法中，属于动态分析方法的是（　　）。

　　A. 排列图法　　　　　　　　　　B. 直方图法

　　C. 控制图法　　　　　　　　　　D. 因果分析图法

20. 流水强度是指某专业工作队在（　　）。

　　A. 一个施工段上所完成的工程量

　　B. 单位时间内所完成的工程量

　　C. 单位时间内所需某种资源的数量

　　D. 一个施工段上所需要某种资源的数量

21. 某分部工程有 3 个施工过程，分为 5 个流水节拍相等的施工段组织加快的成倍节拍流水施工，已知各施工过程的流水节拍分别为 4 天、6 天、4 天，则流水步距和专业工作队数分别为（　　）。

　　A. 6 天和 3 个　　　　　　　　　B. 4 天和 3 个

　　C. 4 天和 4 个　　　　　　　　　D. 2 天和 7 个

22. 某工程双代号网络计划如下图所示，其关键线路有（　　）条。

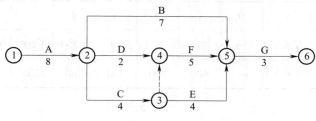

　　A. 1　　　　　　　　　　　　　　B. 2

　　C. 3　　　　　　　　　　　　　　D. 4

23. 在工程网络计划中，当计划工期等于计算工期时，关键工作的判定条件是（　　）。

　　A. 该工作的持续时间最长

　　B. 该工作的自由时差最小

　　C. 该工作与其紧后工作之间的时间间隔为零

　　D. 该工作的最早开始时间与最迟开始时间相等

24. 关于双代号网络图绘图规则的说法中，正确的是（　　）。

    A. 可以在箭线上引入或引出箭线

    B. 当工作箭线交叉且不可避免时，只能采用过桥法

    C. 网络图应可有多个起点节点，只能有一个终点节点

    D. 不允许出现没有箭尾节点的箭线，也不允许出现没有箭头节点的箭线

25. 一笔资金的名义年利率是 10%，按季计息。关于其利率的说法，正确的是（　　）。

    A. 年有效利率是 10%

    B. 年有效利率是 10.25%

    C. 每个计息周期的有效利率是 10%

    D. 每个计息周期的有效利率是 2.5%

26. 用来衡量资金时间价值的绝对尺度是（　　）。

    A. 利率　　　　　　　　　　　B. 现金流量

    C. 利息　　　　　　　　　　　D. 现金价值

27. 偿债备付率是指投资方案在借款偿还期内各年（　　）的比值。

    A. 可用于偿还利息的资金与当期应付利息

    B. 可用于还本付息的资金与当期应付利息

    C. 可用于偿还利息的资金与当期应还本付息金额

    D. 可用于还本付息的资金与当期应还本付息金额

28. 某工程施工有两个技术方案可供选择，甲方案需投资 180 万元，年生产成本为 45 万元；乙方案需投资 220 万元，年生产成本为 40 万元。设基准收益率为 12%，若采用增量投资收益率评价两方案，则（　　）。

    A. 甲方案优于乙方案　　　　　B. 甲乙两个方案的效果相同

    C. 乙方案优于甲方案　　　　　D. 甲乙两个方案的折算费用相同

29. 某投资方案投资现金流量的数据见下表，则该投资方案的静态投资回收期为（　　）年。

计算期（年）	0	1	2	3	4	5	6	7	8
现金流入（万元）	—	—	—	800	1 200	1 200	1 200	1 200	1 200
现金流出（万元）	—	600	900	500	700	700	700	700	700

    A. 5.4　　　　　　　　　　　　B. 5.0

    C. 5.2　　　　　　　　　　　　D. 6.0

30. 使投资方案在计算期内各年净现金流量的现值累计等于零时的折现率称为（　　）。

    A. 利息备付率　　　　　　　　B. 偿债备付率

    C. 净现值率　　　　　　　　　D. 内部收益率

31. 年名义利率为 8%，按季计息，则计息期有效利率和年有效利率分别是（　　）。

    A. 2.00%，8.00%　　　　　　　B. 2.00%，8.24%

C. 2.06%，8.00%   D. 2.06%，8.24%

32. 总投资收益率指标中的收益是指项目建成后（   ）。

A. 正常生产年份的年税前利润或运营期年平均税前利润

B. 正常生产年份的年税后利润或运营期年平均税后利润

C. 正常生产年份的年息税前利润或运营期年平均息税前利润

D. 投产期和达产期的盈利总和

33. 经济效果评价指标体系中，（   ）的经济含义是投资方案占用的尚未回收资金的获利能力，它取决于项目内部。

A. 投资收益率   B. 内部收益率

C. 净年值   D. 净现值

34. 采用增量投资内部收益率（ΔIRR）法比选计算期相同的两个可行互斥方案时，基准收益率为 i_c，则保留投资额大的方案的前提条件是（   ）。

A. $\Delta IRR>0$ B. $\Delta IRR<0$

C. $\Delta IRR>i_c$ D. $\Delta IRR<i_c$

35. 某投资方案设计年生产能力为 50 万件，年固定成本为 300 万元，单位产品可变成本为 90 元/件，单位产品的销售税金及附加为 8 元/件。按设计生产能力满负荷生产时，用销售单价表示的盈亏平衡点是（   ）元/件。

A. 90   B. 96

C. 98   D. 104

36. 关于敏感性分析的说法中，错误的是（   ）。

A. 单因素敏感性分析是对单一不确定因素变化的影响进行分析

B. 多因素敏感性分析是对两个或两个以上互相独立的不确定因素同时变化时，分析这些变化的因素对经济评价指标的影响程度和敏感程度

C. 敏感性分析不能说明不确定因素发生变动的情况的可能性大小

D. 多因素敏感性分析是敏感性分析的基本方法

37. 某产品的功能与成本关系如下图所示，功能水平 F_1、F_2、F_3、F_4 均能满足用户要求，从价值工程的角度，最适宜的功能水平应是（   ）。

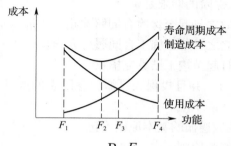

A. F_1 B. F_2

C. F_3 D. F_4

38. 工程建设实施过程中，对于大型复杂的产品，应用价值工程的重点应在（   ）阶段。

A. 勘察   B. 研究、设计

C. 招标　　　　　　　　　　D. 施工

39. 采用强制确定法选择价值工程对象时，如果分析对象的功能与成本不相符，应选择（　　　）的分析对象作为价值工程研究对象。

A. 成本高　　　　　　　　　B. 功能重要

C. 价值低　　　　　　　　　D. 技术复杂

40. 应用价值工程进行功能评价时，如果评价对象的价值指数 $V_1<1$，则正确的策略是（　　　）。

A. 降低评价对象的现实成本　　　B. 剔除评价对象的过剩功能

C. 降低评价对象的功能水平　　　D. 不将评价对象作为改进对象

41. 要使资本结构合理，则需提高（　　　）。

A. 每股收益　　　　　　　　B. 资金成本

C. 债务利息　　　　　　　　D. 变动成本

42. 项目融资过程中，（　　　）阶段的主要内容是项目投资者将决定采用何种融资方式为项目开发筹集资金。

A. 融资结构设计　　　　　　B. 投资决策分析

C. 融资决策分析　　　　　　D. 融资谈判

43. 通过转让已建成项目的产权和经营权来融资的方式是（　　　）。

A. BOT 方式　　　　　　　　B. TOT 方式

C. PPP 方式　　　　　　　　D. ABS 方式

44. 与其他融资过程相比，项目融资主要以项目的（　　　）来安排融资。

A. 预期收益、发起人的资信、投资者的资信

B. 投资者的资信、发起人的资信、预期现金流

C. 资产、预期收益、发起人的资信

D. 资产、预期收益、预期现金流

45. 项目融资的特点包括（　　　）。

A. 项目投资者承担项目风险　　　B. 用于支持贷款的信用结构固定

C. 项目融资成本较高　　　　　　D. 贷款人可以追索项目以外的任何资产

46. 建设工程意外伤害保险的期限是（　　　）。

A. 自保险合同生效之日起至保险合同解除止

B. 自施工合同订立之日起至施工合同履行完毕止

C. 自实际施工之日起至竣工结算完毕止

D. 自工程开工之日，并且投保人已缴付保险费的次日零时起至竣工验收合格之日 24 时止

47. 工程项目经济评价应遵循的基本原则不包括（　　　）。

A. 收益与风险权衡的原则

B. 动态分析与静态分析相结合，以静态分析为主的原则

C. 效益与费用计算口径对应一致的原则

D. 定量分析与定性分析相结合，以定量分析为主的原则

48. 对于非经营性项目，财务分析应主要分析（　　　）。

　　　A. 项目的盈利能力　　　　　　　　B. 项目的财务生存能力
　　　C. 项目的偿债能力　　　　　　　　D. 项目的抗风险能力

49. 下列区域经济与宏观经济影响分析指标中，不属于经济总量指标的是（　　）。
　　　A. 增加值　　　　　　　　　　　　B. 纯收入
　　　C. 财政收入　　　　　　　　　　　D. 就业结构

50. 属于项目资本金现金流量表中现金流出构成的是（　　）。
　　　A. 建设投资　　　　　　　　　　　B. 借款本金偿还
　　　C. 流动资金　　　　　　　　　　　D. 回收固定资产余值

51. 资本金现金流量表是以技术方案资本金作为计算的基础，站在（　　）的角度编制的。
　　　A. 项目发起人　　　　　　　　　　B. 债务人
　　　C. 项目法人　　　　　　　　　　　D. 债权人

52. 经济效果分析采用以市场价格体系为基础的预测价格，有要求时可考虑价格变动因素，它主要取决于（　　）。
　　　A. 产品风险的特点　　　　　　　　B. 投资过程的现金流量
　　　C. 产品的销售去向和市场需求　　　D. 所收集资料的多少和掌握管理技术的水平

53. 限额设计的关键阶段是（　　）。
　　　A. 投资决策阶段　　　　　　　　　B. 初步设计阶段
　　　C. 施工图设计阶段　　　　　　　　D. 设计方案的评价与优化

54. 在设计概算的审查方法中，（　　）是对审查中发现的主要问题以及有较大偏差的设计进行复核，对重要、关键设备和生产装置或投资较大的项目进行复查。
　　　A. 对比分析法　　　　　　　　　　B. 查询核实法
　　　C. 分类整理法　　　　　　　　　　D. 主要问题复核法

55. 国际工程项目招标中，如果业主规定了暂定工程量的分项内容和暂定总价款，且规定所有投标人都必须在总报价中加入这笔固定金额，则投标人对该暂定工程的报价策略是（　　）。
　　　A. 单价可适当提高　　　　　　　　B. 单价可适当降低
　　　C. 总价应适当降低　　　　　　　　D. 总价可适当提高

56. 单指标法是以单一指标为基础对建设工程技术方案进行综合分析与评价的方法。下列方法中，属于单指标法的是（　　）。
　　　A. 工程造价指标　　　　　　　　　B. 全寿命期费用法
　　　C. 工期指标　　　　　　　　　　　D. 主要材料消耗指标

57. 只完成工程项目的初步设计，工程量清单不够明确时，则可选择（　　）。
　　　A. 单价合同或成本加酬金合同　　　B. 总价合同或成本加酬金合同
　　　C. 总价合同或单价合同　　　　　　D. 总价合同或固定酬金合同

58. 适用于招标文件中的工程范围不很明确，条款不很清楚或很不公正，或技术规范要求过于苛刻工程的报价技巧是（　　）。
　　　A. 无利润报价法　　　　　　　　　B. 多方案报价法
　　　C. 不平衡报价法　　　　　　　　　D. 突然降价法

59. 施工项目经理部应建立和健全以（　　　）为对象的成本核算账务体系，严格区分企业经营成本和项目生产成本。
    A. 分项工程　　　　　　　　　　B. 分部工程
    C. 单位工程　　　　　　　　　　D. 单项工程

60. 发包人在接到承包人返还保证金申请后，应于（　　　）日内会同承包人按照合同约定的内容进行核实。
    A. 7　　　　　　　　　　　　　　B. 14
    C. 21　　　　　　　　　　　　　D. 28

二、多项选择题（共 20 题，每题 2 分。每题的备选项中，有 2 个或 2 个以上符合题意，至少有 1 个错项。错选，本题不得分；少选，所选的每个选项得 0.5 分）

61. 动态投资除包括静态投资外，还包括（　　　）。
    A. 建筑安装工程费　　　　　　　B. 基本预备费
    C. 设备和工器具购置费　　　　　D. 建设期贷款利息
    E. 涨价预备费

62. 根据《建筑法》，关于建筑工程承包的说法中，正确的是（　　　）。
    A. 分包单位可以将其承包的工程再分包
    B. 除总承包合同约定的分包外，工程分包必须经设计单位认可
    C. 共同承包的各方对承包合同的履行承担连带责任
    D. 两个以上不同资质等级的单位实行联合共同承包的，应当按照资质等级高的单位的业务许可范围承揽工程
    E. 禁止承包单位将其承包的全部建筑工程肢解以后以分包的名义分别转包给他人

63. 根据《招标投标法实施条例》，属于投标人相互串通投标的情形包括（　　　）。
    A. 投标人之间约定中标人
    B. 招标人明示或者暗示投标人为特定投标人中标提供方便
    C. 属于同一集团成员的投标人按照该组织要求协同投标
    D. 投标人之间为谋取中标或者排斥特定投标人而采取的其他联合行动
    E. 招标人授意投标人撤换、修改投标文件

64. 违约责任的特点有（　　　）。
    A. 违约责任以无效合同为前提
    B. 违约责任可由当事人在法定范围内约定
    C. 违约责任只能以支付违约金的方式承担
    D. 违约责任是一种民事赔偿责任
    E. 违约责任以违反合同义务为要件

65. 实行建设项目法人责任制的项目，项目董事会需要负责的工作包括（　　　）。
    A. 组织编制项目初步设计文件　　B. 负责提出项目竣工验收申请报告
    C. 负责筹措建设资金　　　　　　D. 研究解决建设过程中出现的重大问题
    E. 编制和确定标底

66. 根据《招标投标法实施条例》，可以不进行招标的项目包括（　　）。

A. 采用公开招标方式的费用占项目合同金额的比例过大

B. 需要采用不可替代的专利或者专有技术

C. 需要向原中标人采购工程，否则将影响施工或者功能配套要求

D. 采购人依法能够自行建设、生产或者提供

E. 只有少量潜在投标人可供选择

67. 工程建设领域实行（　　），是我国工程建设管理体制深化改革的重大举措。

A. 项目法人责任制　　　　　　B. 合同管理制

C. 工程监理制　　　　　　　　D. 工程设计制

E. 工程招标投标制

68. 建设工程设计与施工采用总分包模式的特点有（　　）。

A. 对总承包商要求高，业主选择范围小

B. 总包合同价格可较早确定，合同金额较低

C. 业主的合同结构简单，组织协调工作量小

D. 工程设计与施工有机融合，有利于缩短建设工期

E. 分包单位多，弱化了工程质量控制工作

69. 某工程双代号网络计划如下图所示，图中已标出各个节点的最早时间和最迟时间。该计划表明（　　）。

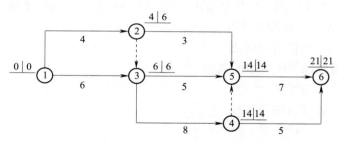

A. 工作 1—2 的自由时差为 2　　B. 工作 2—5 的总时差为 7

C. 工作 3—4 为关键工作　　　　D. 工作 3—5 为关键工作

E. 工作 4—6 的总时差为零

70. 工程网络计划的优化目标有（　　）。

A. 降低资源强度　　　　　　　B. 使计算工期满足要求工期

C. 资源限制条件下工期最短　　D. 工期不变条件下资源需用量均衡

E. 寻求工程总成本最低时的工期安排

71. 下列经济效果评价体系中，属于偿债能力指标的有（　　）。

A. 净现值　　　　　　　　　　B. 利息备付率

C. 总投资收益率　　　　　　　D. 资产负债率

E. 偿债备付率

72. 应用净现值指标评价投资方案经济效果的优越性有（　　）。

A. 能够直观反映项目单位投资的使用效率

B. 能够全面考虑项目在整个计算期内的经济状况

C. 能够直接说明项目运营期各年的经营成果

D. 能够全面反映项目投资过程的收益程度

E. 能够直接以金额表示项目的盈利水平

73. 关于价值工程的说法中，正确的有（　　）。

A. 价值工程的核心是对产品进行功能分析

B. 降低产品成本是提高产品价值的唯一途径

C. 价值工程活动应侧重于产品的研究、设计阶段

D. 功能整理的核心任务是剔除不必要功能

E. 功能评价的主要任务是确定功能的目标成本

74. 常用的寿命周期评价方法有（　　）。

A. 费用效率法　　　　　　　　B. 加权平均法

C. 固定效率法　　　　　　　　D. 固定费用法

E. 权衡分析法

75. 根据《工伤保险条例》的规定，下列情形应被认定为工伤的是（　　）。

A. 员工在工作时间和工作场所内，因工作原因受到事故伤害

B. 员工在上班途中，受到因他人负主要责任的交通事故伤害

C. 员工在工作时间和工作岗位，突发心脏病死亡

D. 员工因外出期间，由于工作原因受到伤害

E. 员工在工作时间和工作场所内，因饮酒导致操作不当而受伤

76. 工程项目策划的作用表现在（　　）。

A. 构思工程项目系统框架

B. 降低或消除损失发生的概率

C. 进行多方案比选

D. 奠定工程项目决策基础

E. 指导工程项目管理工作

77. 项目融资后的盈利能力分析应包括动态分析和静态分析，其中动态分析包括（　　）。

A. 项目资本金现金流量分析

B. 项目投资财务内部收益率分析

C. 投资各方现金流量分析

D. 项目资本金净利润率分析

E. 项目投资回收期分析

78. 对设计概算编制依据的审查包括（　　）。

A. 审查编制说明　　　　　　　B. 审查编制依据的合法性

C. 审查编制依据的时效性　　　D. 审查编制依据的适用范围

E. 审查编制依据的完整性

79. 在成本费用预测中，常用的定量预测方法有（　　）。

A. 技术进步法　　　　　　　　B. 回归分析法

C. 定率估算法　　　　　　　　D. 加权平均法

E. 按实计算法

80. 单位工程竣工成本分析应包括（　　　）。

　　A. 目标成本分析　　　　　　　B. 竣工成本分析

　　C. 预算成本分析　　　　　　　D. 主要资源节超对比分析

　　E. 主要技术节约措施及经济效果分析

同步模拟试卷四参考答案及详解

一、单项选择题

1. A	2. C	3. C	4. A	5. B
6. C	7. A	8. A	9. B	10. D
11. B	12. D	13. D	14. C	15. D
16. A	17. A	18. D	19. C	20. D
21. D	22. A	23. D	24. D	25. C
26. C	27. D	28. C	29. A	30. D
31. B	32. C	33. B	34. C	35. D
36. D	37. B	38. B	39. B	40. A
41. A	42. C	43. B	44. D	45. C
46. D	47. B	48. B	49. D	50. B
51. C	52. C	53. A	54. C	55. A
56. B	57. A	58. B	59. C	60. B

【解析】

1. 本题的考点为工程计价的特征。由工程项目的特点决定，工程计价具有以下特征：①计价的单件性。建筑产品的单件性特点决定了每项工程都必须单独计算造价；②计价的多次性。多次计价是个逐步深入和细化，不断接近实际造价的过程。工程结算文件一般由承包单位编制，由发包单位审查，也可以委托具有相应资质的工程造价咨询机构进行审查；③计价的组合性；④计价方法的多样性。工程项目的多次计价有其各不相同的计价依据，每次计价的精确度要求也各不相同，由此决定了计价方法的多样性；⑤计价依据的复杂性。

2. 本题的考点为造价工程师的执业凭证。造价工程师执业时应持注册证书和执业印章。

3. 本题的考点为工程造价跨省承接业务。工程造价咨询企业跨省、自治区、直辖市承接工程造价咨询业务的，应当自承接业务之日起 30 日内到建设工程所在地省、自治区、直辖市人民政府建设主管部门备案。

4. 本题的考点为项目管理承包模式。采用 PMC 管理模式时，项目业主仅需保留少部分项目管理力量对一些关键问题进行决策，绝大部分项目管理工作均由项目管理承包商承担。

5. 本题的考点为要约内容的变更。承诺的内容应当与要约的内容一致。有关合同标的、数量、质量、价款或者报酬、履行期限、履行地点和方式、违约责任和解决争议方法等的变更，是对要约内容的实质性变更。受要约人对要约的内容做出实质性变更的，为新要约。

6. 本题的考点为建筑安全生产管理。涉及建筑主体和承重结构变动的装修工程，建设单位应当在施工前委托原设计单位或者具有相应资质条件的设计单位提出设计方案；没有设计方案的，不得施工。

7. 本题的考点为招标文件。招标人对已发出的招标文件进行必要的澄清或者修改的，应当在招标文件要求提交投标文件截止时间至少 15 日前，以书面形式通知所有招标文件收受人。

8. 本题的考点为竞争性谈判。符合下列情形之一的货物或服务，可采用竞争性谈判方式采购：①招标后没有供应商投标或没有合格标的或重新招标未能成立的；②技术复杂或性质特殊，不能确定详细规格或具体要求的；③采用招标所需时间不能满足用户紧急需要的；④不能事先计算出价格总额的。

9. 本题的考点为格式条款。格式条款和非格式条款不一致的，应当采用非格式条款，故选项 B 错误。

10. 本题的考点为标的物的提存。债权人领取提存物的权利期限为 5 年，超过该期限，提存物扣除提存费用后归国家所有。

11. 本题的考点为分项工程。分项工程是指将分部工程按主要工种、材料、施工工艺、设备类别等划分的工程。例如，土方开挖、土方回填、钢筋、模板、混凝土、砖砌体、木门窗制作与安装、钢结构基础等工程。

12. 本题的考点为合同转让。若债权人转让权利，债权人应当通知债务人。未经通知，该转让对债务人不发生效力。除非经受让人同意，债权人转让权利的通知不得撤销。债权让与后，该债权由原债权人转移给受让人，受让人取代让与人（原债权人）成为新债权人，依附于主债权的从债权也一并转移给受让人。

13. 本题的考点为合作体承包模式的特点。合作体承包模式的特点如下：①建设单位的组织协调工作量小，但风险较大；②各承包单位之间既有合作的愿望，又不愿意组成联合体。

14. 本题的考点为工程项目管理组织机构形式。矩阵制组织机构的优点是能根据工程任务的实际情况灵活地组建与之相适应的管理机构，具有较大的机动性和灵活性。

15. 本题的考点为工程项目目标控制措施。选项 A 属于组织措施。选项 B 属于合同措施。选项 C 属于经济措施。只有选项 D 属于技术措施。

16. 本题的考点为平行承包模式的特点。采用平行承包模式的特点：①有利于建设单位择优选择承包单位；②有利于控制工程质量；③有利于缩短建设工期；④组织管理和协调工作量大；⑤工程造价控制难度大。

17. 本题的考点为强矩阵制组织形式的特点。强矩阵制组织形式的特点是拥有专职的、具有较大权限的项目经理以及专职项目管理人员。

18. 本题的考点为项目管理规划大纲的编制。项目管理规划大纲是项目管理工作中具有战略性、全局性和宏观性的指导文件，由企业管理层在投标时编制。

19. 本题的考点为工程项目目标控制的主要方法。工程项目目标的常用控制方法有网络计划法、S 曲线法、香蕉曲线法、排列图法、因果分析图法、直方图法、控制图法。采用动态分析方法，可以随时了解生产过程中质量的变化情况，及时采取措施，使生产处于稳定状态，起到预防出现废品的作用。控制图法就是一种典型的动态分析方法。

20. 本题的考点为流水强度的概念。流水强度是指流水施工的某施工过程（队）在单位时间内所完成的工程量，也称为流水能力或生产能力。

21. 本题的考点为流水步距和专业工作队数的计算。流水步距等于流水节拍的最大公约数，即：$K=\min$（4，6，4）=2（天）；专业工作队数目的计算公式为：$b_j=t_j/K$，式中，t_j 表示第 j 个施工过程的流水节拍；K 表示流水步距。本题中的专业工作队数 = 4/2+6/2+4/2=7（个）。

22. 本题的考点为关键线路的确定。本题的关键线路为：①→②→③→④→⑤→⑥，共 1 条。

23. 本题的考点为关键工作的确定。在网络计划中，总时差最小的工作为关键工作。特别地，当网络计划的计划工期等于计算工期时，总时差为零的工作就是关键工作。工作的总时差等于该工作最迟完成时间与最早完成时间之差，或该工作最迟开始时间与最早开始时间之差。因此，该工作的最早开始时间与最迟开始时间相等时，为关键工作。

24. 本题的考点为双代号网络图的绘制规则。选项 A 的正确表述应为：严禁在箭线上引入或引出箭线。当工作箭线交叉且不可避免时，可采用指向法或过桥法。选项 B 表述过于绝对。除任务中部分工作需要分期完成的网络计划外，网络图应只有一个起点节点和一个终点节点，故选项 C 错误。

25. 本题的考点为名义利率和有效利率的换算。年有效利率 $i_{\text{eff}}=\left(1+\dfrac{r}{m}\right)^m-1$，计息周期的有效利率 $i=r/m$。本题中的年有效利率 =（1+10%/4）^{4}-1=10.38%，每个计息周期的有效利率 =10%/4=2.5%。

26. 本题的考点为利息和利率。利息是资金时间价值的一种重要表现形式，甚至可以用利息代表资金的时间价值。通常，用利息作为衡量资金时间价值的绝对尺度，用利率作为衡量资金时间价值的相对尺度。

27. 本题的考点为偿债备付率的概念。偿债备付率（$DSCR$）是指投资方案在借款偿还期内各年可用于还本付息的资金（$EBITDA-T_{\text{AX}}$）与当期应还本付息金额（PD）的比值。偿债备付率表示可用于还本付息的资金偿还借款本息的保障程度。

28. 本题的考点为运用增量投资收益率法评价互斥方案。现设 I_1、I_2 分别为旧、新方案的投资额，C_1、C_2 为旧、新方案的经营成本（或生产成本）。如 $I_2>I_1$，$C_2<C_1$，增量投资收益率 $R_{(2-1)}$ 计算公式为：$R_{(2-1)}=\dfrac{C_1-C_2}{I_2-I_1}\times100\%$，由此可知，$R_{(乙-甲)}=$（45-40）万元/（220-180）万元 ×100%=12.5%。当得到的增量投资收益率大于基准投资收益率时，则投资额大的方案可行；反之，投资额小的方案为优选方案。故乙方案优于甲方案。

29. 本题的考点为静态投资回收期的计算。当技术方案实施后各年的净收益不相同时，静态投资回收期可根据累计净现金流量求得，技术方案累计净现金流量见下表：

计算期（年）	0	1	2	3	4	5	6	7	8
现金流入（万元）	—	—	—	800	1 200	1 200	1 200	1 200	1 200
现金流出（万元）	—	600	900	500	700	700	700	700	700
净现金流量	—	−600	−900	300	500	500	500	500	500
累计净现金流量	—	−600	−1 500	−1 200	−700	−200	300	800	1 300

计算公式为：

$$P_t = （累计净现金流量出现正值的年份数 -1） + \frac{上一年累计净现金流量的绝对值}{出现正值年份的净现金流量}$$

由此可得，$P_t = 6-1+\dfrac{|-200|}{500} = 5.4$（年）。

30. 本题的考点为内部收益率的概念。内部收益率（*IRR*）是使投资方案在计算期内各年净现金流量的现值累计等于零时的折现率。即在该折现率时，项目的现金流入现值和等于其现金流出的现值和。

31. 本题的考点为利率的计算。计息期有效利率 $i=r/m=8\%/4=2\%$；年有效利率 $i_{\text{eff}}=（1+r/m）^m-1=（1+8\%/4）^4-1=8.24\%$。

32. 本题的考点为总投资收益率指标。总投资收益率表示项目总投资的盈利水平，是指项目达到设计生产能力后正常年份的年息税前利润或运营期内年平均息税前利润与项目总投资的比值。

33. 本题的考点为内部收益率。经济效果评价指标体系中，内部收益率的经济含义是投资方案占用的尚未回收资金的获利能力，它取决于项目内部。

34. 本题的考点为动态评价方法。按初始投资额由小到大依次计算相邻两个方案的增量投资内部收益率 ΔIRR，若 $\Delta IRR > i_c$，则说明初始投资额大的方案优于初始投资额小的方案，保留投资额大的方案；反之，若 $\Delta IRR < i_c$，则保留投资额小的方案。

35. 本题的考点为用销售单价表示的盈亏平衡点 *BEP*（p）。根据计算公式 *BEP*（p）= 年固定成本 / 设计生产能力 + 单位产品可变成本 + 单位产品销售税金及附加，计算得知 *BEP*（p）= 3000 000/500 000+90+8=104（元）。

36. 本题的考点为敏感性分析。通常只进行单因素敏感性分析，单因素敏感性分析是敏感性分析的基本方法，故选项 D 错误。

37. 本题的考点为寿命周期成本。随着产品功能水平提高，产品的制造成本增加，使用成本降低；反之，产品功能水平降低，其制造成本降低，但使用成本会增加。因此，当功能水平逐步提高时，寿命周期成本呈马鞍形变化，如本题图所示。寿命周期成本为最小值时，所对应的功能水平是仅从成本方面考虑的最适宜功能水平，因此，最适宜的功能水平应是 F_2。

38. 本题的考点为价值工程的主要应用。对于大型复杂的产品，应用价值工程的重点是在产品的研究、设计阶段，产品的设计图纸一旦完成并投入生产后，产品的价值就已基本确定，这时再进行价值工程分析就变得更加复杂。

39. 本题的考点为强制确定法。强制确定法的具体做法是：先求出分析对象的成本系数、功能系数，然后得出价值系数，以揭示出分析对象的功能与成本之间是否相符。如果不相符，价值低的则被选为价值工程的研究对象。这种方法在功能评价和方案评价中也有应用。

40. 本题的考点为功能价值 *V* 的计算方法——功能指数法。$V_i < 1$ 时，评价对象的成本比重大于其功能比重，表明相对于系统内的其他对象而言，目前所占的成本偏高，从而会导致该对象的功能过剩。应将评价对象列为改进对象，改善方向主要是降低成本。

41. 本题的考点为资本结构的比选方法。资本结构是否合理，一般是通过分析每股收益的变化来进行衡量的。凡是能够提高每股收益的资本结构就是合理的，反之则是不合理的。

42．本题的考点为项目融资程序。项目融资大致可分为五个阶段：投资决策分析、融资决策分析、融资结构设计、融资谈判和融资执行。融资决策分析阶段的主要内容是项目投资者将决定采用何种融资方式为项目开发筹集资金。

43．本题的考点为 TOT 方式的特点。从项目融资的角度看，TOT 是通过转让已建成项目的产权和经营权来融资的，而 BOT 是政府给予投资者特许经营权的许诺后，由投资者融资新建项目。

44．本题的考点为安排项目融资的依据。与其他融资过程相比，项目融资主要以项目的资产、预期收益、预期现金流等来安排融资，而不是以项目的投资者或发起人的资信为依据。

45．本题的考点为项目融资的特点。项目融资主要具有项目导向、有限追索、风险分担、非公司负债型融资、信用结构多样化、融资成本高、可利用税务优势的特点。

46．本题的考点为建筑意外伤害保险期限。建筑意外伤害保险期限应从施工工程项目被批准正式开工，并且投保人已缴付保险费的次日（或约定起保日）零时起，至施工合同规定的工程竣工之日 24 时止。

47．本题的考点为工程项目经济评价应遵循的基本原则。工程项目经济评价应遵循的基本原则包括：①"有无对比"原则；②效益与费用计算口径对应一致的原则；③收益与风险权衡的原则；④定量分析与定性分析相结合，以定量分析为主的原则；⑤动态分析与静态分析相结合，以动态分析为主的原则。

48．本题的考点为财务分析。对于非经营性项目，财务分析应主要分析项目的财务生存能力。

49．本题的考点为经济总量指标。经济总量指标包括增加值、净产值、纯收入、财政收入等经济指标。选项 D 属于经济结构指标。

50．本题的考点为项目资本金现金流量表中现金流出的构成。项目资本金现金流量表中现金流出包括投资方案资本金、借款本金偿还、借款利息支付、经营成本、经营税金及附加、所得税、维持运营投资、其他现金流出。

51．本题的考点为资本金现金流量表。资本金现金流量表是从投资方案权益投资者整体（即项目法人）角度出发，以投资方案资本金作为计算的基础，把借款本金偿还和利息支付作为现金流出，用以计算资本金财务内部收益率，反映在一定融资方案下投资者权益投资的获利能力，用以比选融资方案，为投资者投资决策、融资决策提供依据。

52．本题的考点为经济效果分析产品价格的选择。经济效果分析采用以市场价格体系为基础的预测价格，有要求时可考虑价格变动因素，它主要取决于产品的销售去向和市场需求。

53．本题的考点为限额设计的关键阶段。投资决策阶段是限额设计的关键。

54．本题的考点为设计概算的审查方法。主要问题复核法是对审查中发现的主要问题以及有较大偏差的设计进行复核，对重要、关键设备和生产装置或投资较大的项目进行复查。

55．本题的考点为施工投标报价技巧。招标单位规定了暂定金额的分项内容和暂定总价款，并规定所有投标单位都必须在总报价中加入这笔固定金额，但由于分项工程量不很准确，允许将来按投标单位所报单价和实际完成的工程量付款。这种情况下，由于暂定总价款是固定的，对各投标单位的总报价水平竞争力没有任何影响，因此，投标时应适当提高暂定金额的单价。

56. 本题的考点为单指标法。较常用的单指标法包括综合费用法、全寿命期费用法、价值工程法。

57. 本题的考点为合同类型的选择。只完成工程项目的初步设计，工程量清单不够明确时，则可选择单价合同或成本加酬金合同。

58. 本题的考点为多方案报价法。多方案报价法适用于招标文件中的工程范围不很明确，条款不很清楚或很不公正，或技术规范要求过于苛刻的工程。

59. 本题的考点为成本核算的对象和范围。施工项目经理部应建立和健全以单位工程为对象的成本核算账务体系，严格区分企业经营成本和项目生产成本，在工程项目实施阶段不对企业经营成本进行分摊，以正确反映工程项目可控成本的收、支、结、转的状况和成本管理业绩。

60. 本题的考点为工程质量保证金的返还。发包人在接到承包人返还保证金申请后，应于 14 日内会同承包人按照合同约定的内容进行核实。

二、多项选择题

61. DE	62. CE	63. ACD	64. BDE	65. BCD
66. BCD	67. ABCE	68. ACD	69. BC	70. BCDE
71. BDE	72. BE	73. AC	74. ACDE	75. ABCD
76. ADE	77. AC	78. BCD	79. BD	80. BDE

【解析】

61. 本题的考点为动态投资。动态投资除包括静态投资外，还包括建设期贷款利息、涨价预备费等。选项 A、B、C 既属于静态投资又属于动态投资，根据题意，仅选项 D、E 正确。

62. 本题的考点为建筑工程承包。禁止分包单位将其承包的工程再分包，故选项 A 错误。除总承包合同约定的分包外，工程分包必须经建设单位认可，故选项 B 错误。选项 D 的正确表述应为：按照资质等级低的单位的业务许可范围承揽工程。

63. 本题的考点为投标人相互串通投标的情形。根据《招标投标法实施条例》，有下列情形之一的，属于投标人相互串通投标：①投标人之间协商投标报价等投标文件的实质性内容；②投标人之间约定中标人；③投标人之间约定部分投标人放弃投标或者中标；④属于同一集团、协会、商会等组织成员的投标人按照该组织要求协同投标；⑤投标人之间为谋取中标或者排斥特定投标人而采取的其他联合行动。

64. 本题的考点为违约责任的特点。违约责任的特点：①违约责任以有效合同为前提；②约责任以违反合同义务为要件；③违约责任可由当事人在法定范围内约定；④违约责任是一种民事赔偿责任。

65. 本题的考点为项目董事会职权。建设项目董事会的职权有：负责筹措建设资金；审核、上报项目初步设计和概算文件；审核、上报年度投资计划并落实年度资金；提出项目开工报告；研究解决建设过程中出现的重大问题；负责提出项目竣工验收申请报告；审定偿还债务计划和生产经营方针，并负责按时偿还债务；聘任或解聘项目总经理，并根据总经理的提名，聘任或解聘其他高级管理人员。选项 A、E 属于项目总经理的职权。

66. 本题的考点为可以不进行招标的项目。有下列情形之一的，可以不进行招标：①需要采用不可替代的专利或者专有技术；②采购人依法能够自行建设、生产或者提供；③已通过招标方式选定的特许经营项目投资人依法能够自行建设、生产或者提供；④需要向原中标人采购工程、货物或者服务，否则将影响施工或者功能配套要求；⑤国家规定的其他特殊情形。

67. 本题的考点为工程项目管理的相关制度。工程建设领域实行项目法人责任制、工程监理制、工程招标投标制和合同管理制，是我国工程建设管理体制深化改革的重大举措。

68. 本题的考点为总分包模式的特点。采用总分包模式的特点如下：①有利于工程项目的组织管理。由于建设单位只与总承包单位签订合同，合同结构简单。同时，由于合同数量少，使得建设单位的组织管理和协调工作量小，可发挥总承包单位多层次协调的积极性。②有利于控制工程造价。由于总包合同价格可以较早确定，建设单位可承担较少风险。③有利于控制工程质量。④有利于缩短建设工期。⑤对建设单位而言，选择总承包单位的范围小，一般合同金额较高。⑥对总承包单位而言，责任重、风险大，需要具有较高的管理水平和丰富的实践经验。当然，获得高额利润的潜力也比较大。

69. 本题的考点为双代号网络计划时间参数的计算。工作 1-2 的自由时差 =4-4=0，故选项 A 不正确。工作 2-5 的总时差 =14-（3+4）=7，故选项 B 正确。本题中的关键线路为①→③→④→⑤→⑥，关键工作包括工作 1-3、工作 3-4、工作 5-6，可判断选项 C 正确，也可判断选项 D 不正确。工作 4-6 的总时差 =21-14-5=2，故选项 E 不正确。

70. 本题的考点为工程网络计划的优化目标。网络计划的优化目标应按计划任务的需要和条件选定，包括工期目标、费用目标和资源目标。工期优化是指网络计划的计算工期不满足要求工期时，通过压缩关键工作的持续时间以满足要求工期目标的过程。费用优化又称工期成本优化，是指寻求工程总成本最低时的工期安排，或按要求工期寻求最低成本的计划安排的过程。网络计划的资源优化分为"资源有限，工期最短"的优化和"工期固定，资源均衡"的优化。前者是通过调整计划安排，在满足资源限制条件下，使工期延长最少的过程；而后者是通过调整计划安排，在工期保持不变的条件下，使资源需用量尽可能均衡的过程。

71. 本题的考点为偿债能力指标。经济效果评价指标体系中偿债能力指标包括：利息备付率、偿债备付率、资产负债率。

72. 本题的考点为净现值指标的优点与不足。净现值指标考虑了资金的时间价值，并全面考虑了项目在整个计算期内的经济状况；经济意义明确直观，能够直接以金额表示项目的盈利水平；判断直观。但不足之处是，必须首先确定一个符合经济现实的基准收益率，而基准收益率的确定往往是比较困难的；而且在互斥方案评价时，净现值必须慎重考虑互斥方案的寿命，如果互斥方案寿命不等，必须构造一个相同的分析期限，才能进行方案比选。此外，净现值不能反映项目投资中单位投资的使用效率，不能直接说明在项目运营期各年的经营成果。

73. 本题的考点为价值工程的基本原理和功能分析。价值工程的核心是对产品进行功能分析。提高产品价值的途径有 5 种，在提高产品功能的同时，又降低产品成本，这是提高价值最为理想的途径。价值工程活动更侧重在产品的研究与设计阶段，以寻求技术突破，取得最佳的综合效果。功能整理的主要任务就是建立功能系统图。

74. 本题的考点为常用的寿命周期成本评价方法。常用的寿命周期成本评价方法有费用效率（CE）法、固定效率法和固定费用法、权衡分析法等。

75. 本题的考点为认定工伤的情形。根据《工伤保险条例》，认定工伤的七种情形具体包括：①在工作时间和工作场所内，因工作原因受到事故伤害的；②工作时间前后在工作场所内，从事与工作有关的预备性或者收尾性工作受到事故伤害的；③在工作时间和工作场所内，因履行工作职责受到暴力等意外伤害的；④患职业病的；⑤因工外出期间，由于工作原因受到伤害或者发生事故下落不明的；⑥在上下班途中，受到非本人主要责任的交通事故或者城市轨道交通、客运轮渡、火车事故伤害的；⑦法律、行政法规规定应当认定为工伤的其他情形。

76. 本题的考点为工程项目策划的主要作用。工程项目策划的主要作用包括：①构思工程项目系统框架；②奠定工程项目决策基础；③指导工程项目管理工作。

77. 本题的考点为融资后分析。项目融资后的盈利能力分析应包括动态分析和静态分析，其中动态分析包括项目资本金现金流量分析和投资各方现金流量分析两个层次。

78. 本题的考点为对设计概算编制依据的审查。对设计概算编制依据的审查包括：①审查编制依据的合法性；②审查编制依据的时效性；③审查编制依据的适用范围。

79. 本题的考点为常用的定量预测方法。在成本费用预测中，常用的定量预测方法有加权平均法、回归分析法等。

80. 本题的考点为竣工成本的综合分析。单位工程竣工成本分析应包括：竣工成本分析；主要资源节超对比分析；主要技术节约措施及经济效果分析。

同步模拟试卷五

一、单项选择题（共 60 题，每题 1 分。每题的备选项中，只有 1 个最符合题意）

1. 关于建设项目总投资与固定资产投资的说法中，错误的是（　　）。

   A. 建设项目按用途可分为生产性建设项目和非生产性建设项目

   B. 生产性建设项目总投资只包括固定资产投资，不含流动资产投资

   C. 建设项目总造价是指项目总投资中的固定资产投资总额

   D. 固定资产投资是投资主体为达到预期收益的资金垫付行为

2. 在项目投资决策后，控制工程造价的关键就在于（　　）。

   A. 前期决策　　　　　　　　　　B. 选择施工方案

   C. 设计　　　　　　　　　　　　D. 工程结算

3. 工程造价咨询企业资质有效期为（　　）。

   A. 2 年　　　　　　　　　　　　B. 3 年

   C. 4 年　　　　　　　　　　　　D. 5 年

4. 以欺骗、贿赂等不正当手段取得工程造价咨询企业资质的，由县级以上地方人民政府建设主管部门或者有关专业部门给予警告，并处（　　）的罚款，申请人 3 年内不得再次申请工程造价咨询企业资质。

   A. 1 万元以上 3 万元以下　　　　B. 2 万元以上 5 万元以下

   C. 5 万元以上 10 万元以下　　　 D. 10 万元以上 20 万元以下

5. 美国建造师学会（AIA）的合同条件体系分为 A、B、C、D、F、G 系列，其中，（　　）是关于建筑师与提供专业服务的顾问之间的合同文件。

   A. A 系列　　　　　　　　　　　B. C 系列

   C. F 系列　　　　　　　　　　　D. G 系列

6. 在领取施工许可证或者开工报告前，（　　）应当按照国家有关规定办理工程质量监督手续。

   A. 施工单位　　　　　　　　　　B. 设计单位

   C. 监理单位　　　　　　　　　　D. 建设单位

7. 根据《招标投标法实施条例》，下列情形中，依法可以邀请招标的项目是（　　）。

   A. 已通过招标方式选定的特许经营项目投资人依法能够自行建设、生产或者提供的

   B. 采购人依法能够自行建设、生产或者提供的

   C. 受自然环境限制，只有少量潜在投标人可供选择的

   D. 需要向原中标人采购工程，否则将影响施工或者功能配套要求的

8. 依据《政府采购法实施条例》，关于政府采购程序的说法，错误的是（　　）。

   A. 招标文件的提供期限招标文件开始发出之日起不得少于 5 个工作日

   B. 招标文件要求投标人提交投标保证金的，投标保证金不得超过采购项目预算金

额的 2%

    C. 政府采购招标评标方法分为最低评标价法和综合评分法

    D. 采购人或者采购代理机构不得对已发出的招标文件进行修改

9. 根据《合同法》，下列各类合同中，属于可变更或可撤销合同的是（   ）。

    A. 损害社会公共利益的   B. 以合法形式掩盖非法目的

    C. 因重大误解订立的   D. 恶意串通损害第三人利益的合同

10. 关于合同履行特殊规则的说法中，正确的是（   ）。

    A. 执行政府指导价的合同时，逾期交付标的物的，遇价格上涨时，按照新价格执行

    B. 执行政府指导价的合同时，逾期付款的，遇价格上涨时，按照原价格执行

    C. 因债务人部分履行债务给债权人增加的费用，由债权人负担

    D. 因债务人提前履行债务给债权人增加的费用，由债务人负担

11. 建设工程发生质量事故，有关单位应当在（   ）小时内向当地建设行政主管部门和其他有关部门报告。

    A. 6   B. 12

    C. 24   D. 48

12. 根据《招标投标法》，下列关于投标和开标的说法中，正确的是（   ）。

    A. 投标人如果准备中标后将部分工程分包的，应在中标后通知招标人

    B. 联合体投标中标的，应由联合体牵头方代表联合体与招标人签订合同

    C. 开标应当在公证机构的主持下，在招标人通知的地点公开进行

    D. 开标时，可以由投标人或者其推选的代表检查投标文件的密封情况

13. 对于政府直接投资的项目，投资主管部门需要审批（   ）。

    A. 项目申请报告   B. 节能评估报告

    C. 可行性研究报告   D. 资金申请报告

14. 办理施工许可证之前，（   ）应当到规定的工程质量监督机构办理工程质量监督注册手续。

    A. 设计单位   B. 施工单位

    C. 建设单位   D. 监理单位

15. 组织编制项目初步设计文件，对项目工艺流程、设备选型、建设标准、总图布置提出意见，提交董事会审查，这是（   ）的职权。

    A. 项目总经理   B. 项目法人

    C. 项目总工   D. 项目监理

16. 建设工程采用 CM 承包模式时，CM 单位有代理型和非代理型两种。工程分包商的签约对象是（   ）。

    A. 代理型为业主，非代理型为 CM 单位

    B. 代理型为 CM 单位，非代理型为业主

    C. 无论代理型或非代理型，均为业主

    D. 无论代理型或非代理型，均为 CM 单位

17. 下列项目管理组织机构形式中，（   ）组织机构形式的优点是集中领导、职责

清楚，有利于提高管理效率。

  A. 直线制   B. 职能制

  C. 直线职能制   D. 矩阵制

18. 由于分组组数不当或者组距确定不当，将形成（ ）直方图。

  A. 折齿型   B. 孤岛型

  C. 绝壁型   D. 双峰型

19. 为了有效地控制建设工程项目目标，可采取的组织措施之一是（ ）。

  A. 论证技术方案   B. 审查工程付款

  C. 制订工作考核标准   D. 选择合同计价方式

20. 某分部工程的 4 个施工过程（Ⅰ、Ⅱ、Ⅲ、Ⅳ）组成，分为 6 个施工段，流水节拍均为 3 天，无组织间歇时间和工艺间歇时间，但施工过程Ⅳ需提前 2 天插入施工，该分部工程的工期为（ ）天。

  A. 21   B. 24

  C. 25   D. 29

21. 建设工程采用流水施工方式的特点是（ ）。

  A. 施工现场的组织管理比较简单

  B. 各工作队实现了专业化施工

  C. 单位时间内投入的资源量较少

  D. 能够以最短工期完成施工任务

22. 某工程双代号网络计划如下图所示，其中 E 工作的最早开始时间和最迟开始时间是（ ）。

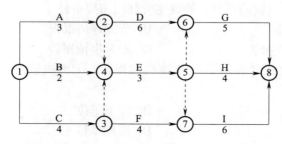

  A. 3 和 5   B. 3 和 6

  C. 4 和 5   D. 4 和 6

23. 双代号网络计划如下图所示（时间单位：天），其计算工期是（ ）天。

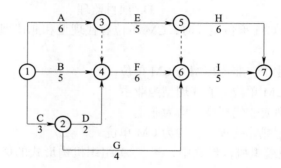

A. 16　　　　　　　　　　B. 17

C. 18　　　　　　　　　　D. 20

24. 某双代号网络计划中，工作 M 的最早开始时间和最迟开始时间分别为第 12 天和第 15 天，其持续时间为 5 天；工作 M 有 3 项紧后工作，它们的最早开始时间分别为第 21 天、第 24 天和第 28 天，则工作 M 的自由时差为（　　）天。

A. 4　　　　　　　　　　B. 1

C. 8　　　　　　　　　　D. 11

25. 当年名义利率一定时，每年的计息期数越多，则年有效利率（　　）。

A. 与年名义利率的差值越大　　B. 与年名义利率的差值越小

C. 与计息期利率的差值越小　　D. 与计息期利率的差值趋于常数

26. 工程总承包合同履行中，属于承包人义务的是（　　）。

A. 负责施工场地及其周边环境与生态的保护工作

B. 提供施工场地

C. 办理证件和批件

D. 组织竣工验收

27. 工程项目信息管理实施模式中，直接购买的模式适用于（　　）。

A. 复杂性程度高的工程项目　　B. 对系统要求低的工程项目

C. 大型工程项目　　　　　　　D. 中小型工程项目

28. 影响利率的因素有多种，通常情况下，利率的最高界限是（　　）。

A. 社会最大利润率　　　　　　B. 社会平均利润率

C. 社会最大利税率　　　　　　D. 社会平均利税率

29. 某企业从银行借入 1 年期的短期借款 500 万元，年利率为 12%，按季度计算并支付利息，则每季度需支付利息（　　）万元。

A. 15.00　　　　　　　　　B. 15.15

C. 15.69　　　　　　　　　D. 20.00

30. 某企业年初借款 2 000 万元，按年复利计息，年利率为 8%。第 3 年末还款 1 200 万元，剩余本息在第 5 年末全部还清，则第 5 年末需还本付息（　　）万元。

A. 1 388.80　　　　　　　　B. 1 484.80

C. 1 538.98　　　　　　　　D. 1 738.66

31. 某项目总投资为 2 000 万元，其中债务资金为 500 万元，项目运营期内年平均净利润为 200 万元，年平均息税为 20 万元，则该项目的总投资收益率为（　　）。

A. 10.0%　　　　　　　　　B. 11.0%

C. 13.3%　　　　　　　　　D. 14.7%

32. 投资方案经济评价中的是基准收益率指投资资金应当获得的（　　）盈利率水平。

A. 最低　　　　　　　　　　B. 最高

C. 平均　　　　　　　　　　D. 组合

33. 在对寿命不等的互斥方案进行比选时，（　　）是最为简便的方法。

A. 净现值法　　　　　　　　B. 最小公倍数法

C. 净年值法　　　　　　　　　　D. 增量投资内部收益率法

34. 某投资方案设计生产能力为 1 000 台 / 年，盈亏平衡点产量为 500 台 / 年，方案投产后前 4 年的达产率见下表。则该方案首次实现盈利的年份为投产后的第（　　）年。

投产年份	第1年	第2年	第3年	第4年
达产率	30%	50%	70%	90%

A. 1　　　　　　　　　　　　　B. 2
C. 3　　　　　　　　　　　　　D. 4

35. 采用盈亏平衡分析法进行投资方案不确定性分析的优点是能够（　　）。
A. 揭示产生项目风险的根源　　B. 度量项目风险的大小
C. 反映项目风险的降低途径　　D. 说明不确定因素的变动情况

36. 下列指标中，不能作为输出系统效率的指标是（　　）。
A. 利润　　　　　　　　　　　B. 产值
C. 附加价值　　　　　　　　　D. 寿命周期成本

37. 关于项目债务资金结构的说法中，正确的是（　　）。
A. 适当增加长期债务的比例有利于降低融资成本
B. 借款人公司监管账户的安排会影响偿债顺序安排
C. 为规避汇率风险，应确保外汇贷款的借款币种和还款币种一致
D. 即便贷款条件相同，使用国外银行的贷款也会加大借款人的风险

38. 关于债券融资的说法中，正确的是（　　）。
A. 发行债券融资不可以从资金市场直接获得资金
B. 资金成本（利率）一般应高于银行借款
C. 发行债券融资，大多需要有第三方担保
D. 债券筹资是一种间接融资

39. 企业从银行取得一笔长期借款 2 000 万元，年利率为 8%，期限 3 年，每年末结息一次，到期一次还本，借款手续费率为 0.2%，企业所得税率为 25%，则该笔借款的资金成本率为（　　）。
A. 5.95%　　　　　　　　　　B. 6.01%
C. 8.02%　　　　　　　　　　D. 8.20%

40. 下列控制措施中，属于工程项目目标被动控制措施的是（　　）。
A. 测试、检查工程实施过程，发现异常情况，及时采取纠偏措施
B. 高质量地做好组织工作，使组织与目标和计划高度一致
C. 计划应有适当的松弛度
D. 加强信息收集、整理和研究工作

41. BOT 融资形式中，（　　）融资形式适用于各类基础设施项目，特别是出于安全考虑的必须由政府直接运营的项目。
A. BOOT　　　　　　　　　　B. BT

  C. BOO   D. BTO

42. 收入总额中的不征税收入是（ ）。

  A. 接受捐赠收入   B. 利息收入

  C. 财政拨款   D. 股息

43. 以转让方式取得土地使用权的，纳税人为取得土地使用权所支付的地价款是（ ）。

  A. 实际支付的地价款   B. 支付的土地出让金

  C. 城市建设配套费   D. 土地使用费

44. 在计算企业所得税应纳税所得额时，可列为免税收入的是（ ）。

  A. 税收滞纳金

  B. 符合条件的居民企业之间的股息

  C. 依法收取并纳入财政管理的行政事业性收费

  D. 依法收取并纳入财政管理的政府性基金

45. 目前建筑业增值税的税率为（ ）。

  A. 3%   B. 6%

  C. 9%   D. 17%

46. 工程因故延长工期或停工的，需书面通知保险人并办理保险期间顺延手续，但保险期间自开工之日起最长不超过（ ）年。

  A. 1   B. 3

  C. 5   D. 7

47. 对于投保安装工程一切险的工程，保险人应对（ ）承担责任。

  A. 因工艺不善引起生产设备损坏的损失

  B. 因冰雹造成工地临时设施损坏的损失

  C. 因铸造缺陷更换铸件造成的损失

  D. 因超负荷烧坏电气用具本身的损失

48. 投资决策的主要依据是（ ）。

  A. 融资结构设计的结论   B. 投资决策分析的结论

  C. 融资谈判的结论   D. 融资决策分析的结论

49. 项目目标是通过销售产品或提供服务实现盈利，其财务效益主要是指（ ）。

  A. 补贴收入   B. 税金

  C. 成本费用   D. 营业收入

50. 区域经济与宏观经济影响分析应立足于项目的实施能够（ ）。

  A. 促进项目与区域发展战略和国家长远规划的关系

  B. 实现可能性和可操作性的行动方案

  C. 促进和保障经济有序高效运行和可持续发展

  D. 提高建设工程全寿命期经济效益

51. 关于房产税的说法中，错误的是（ ）。

  A. 独立于房屋之外的建筑物（如水塔、围墙等）虽不属于房屋，但需要征收房产税

    B. 产权属国家所有的，由经营管理单位纳税

    C. 从租计征的，计税依据为房产租金收入，税率为12%

    D. 从价计征的计税依据是房产原值一次减除10%～30%的扣除比例后的余值，税率为1.2%

52. 试车期的安装工程一切险的保险费通常占整个工期的保费的（   ）左右。

    A. 1/2   B. 1/3

    C. 1/4   D. 2/3

53. 下列工程项目内容中，属于工程项目实施策划的是（   ）。

    A. 工程项目的系统构成

    B. 工程项目定位依据及必要性和可能性分析

    C. 工程项目的定义

    D. 项目管理组织协调

54. 关于工程项目财务分析的说法中，错误的是（   ）。

    A. 经营性项目财务分析可分为融资前分析和融资后分析

    B. 经营性项目财务分析，在项目建议书阶段，可只进行融资前分析

    C. 融资前分析应以静态分析（不考虑资金的时间价值）为主

    D. 融资前动态分析应以营业收入、建设投资、经营成本和流动资金的估算为基础

55. 关于投资方案现金流量表构成要素的说法中，错误的是（   ）。

    A. 固定资产折旧费，可以分类计算，也可以综合计算

    B. 无形资产的摊销一般采用工作量法，不计残值

    C. 修理费允许直接在成本中列支，如果当期发生的修理费用数额较大，可采用预提或摊销的办法

    D. 在生产运营的各年中，修理费率的取值，一般采用固定值

56. 关于发承包阶段施工标段划分的说法中，错误的是（   ）。

    A. 从现场布置的角度看，承包单位越少越好

    B. 工程规模大的项目采用施工总承包的招标方式选择施工队伍，不利于减少各专业之间因配合不当造成的窝工和索赔风险

    C. 对于大型、复杂的工程项目，如果不划分标段，竞争对手的减少，必然会导致工程报价的上涨，反而得不到较为合理的报价

    D. 对于工程规模大、专业复杂的工程项目，建设单位的管理能力有限时，应考虑采用施工总承包的招标方式选择施工队伍

57. 不同计价方式的合同中，施工承包单位承担风险相对较大的是（   ）。

    A. 总价合同   B. 单价合同

    C. 成本加百分比酬金合同   D. 成本加固定酬金合同

58. 按工程项目组成编制施工阶段资金使用计划时，不宜直接进行分解的是（   ）。

    A. 利润、规费   B. 施工机械使用费

    C. 材料费   D. 建筑安装工程费用中的人工费

59. 各年折旧基数不变，但折旧率逐年递减的固定资产折旧方法是（   ）。

　　A. 工作量法　　　　　　　　　　B. 平均年限法

　　C. 年数总和法　　　　　　　　　D. 双倍余额递减法

60. 关于费用偏差及其表示与分析的说法，错误的是（　　）。

　　A. 费用偏差（CV）= 已完工程实际费用（$ACWP$）– 已完工程计划费用（$BCWP$）

　　B. 当 $CV>0$ 时，说明工程费用节约

　　C. 当 $CV<0$ 时，说明工程费用超支

　　D. 费用绩效指数（CPI）= 已完工程计划费用（$BCWP$）/ 已完工程实际费用（$ACWP$）

二、多项选择题（共 20 题，每题 2 分。每题的备选项中，有 2 个或 2 个以上符合题意，至少有 1 个错项。错选，本题不得分；少选，所选的每个选项得 0.5 分）

61. 为了确定工程造价，美国工程新闻记录（ENR）编制的工程造价指数是由（　　）个体指数加权组成的。

　　A. 通用施工机械　　　　　　　　B. 构件钢材

　　C. 普通劳动力　　　　　　　　　D. 波特兰水泥

　　E. 木材

62. 下列合同中，属于可变更、可撤销合同的有（　　）。

　　A. 施工企业采取欺诈手段订立的损害国家利益的合同

　　B. 建设单位因对工程内容存在重大误解而订立的合同

　　C. 建设单位为偷税而订立的施工合同

　　D. 总承包单位将施工图深化设计风险转移给分包单位的合同

　　E. 村民胁迫施工企业订立的供货合同

63. 下列属于经营者不正当行为的有（　　）。

　　A. 与其他商家商量决定市场价格

　　B. 以低于成本的价格处理积压商品

　　C. 利用易误解的价格手段诱使消费者进行经营交易

　　D. 捏造、散布涨价信息，推动商品价格过高上涨

　　E. 哄抬价格促使商品价格过高上涨

64. 建筑工程项目申请领取施工许可证应当具备的条件包括（　　）。

　　A. 已经办理了用地批准手续

　　B. 有满足施工需要的资金安排、施工图纸及技术资料

　　C. 在城市规划区内的建筑工程，已取得规划许可证

　　D. 有保证工程质量和安全的具体措施

　　E. 已经办理了招标投标核准手续

65. 根据《建设工程质量管理条例》，质量保修书必须明确的内容有（　　）。

　　A. 保修范围　　　　　　　　　　B. 保修期限

　　C. 保修责任　　　　　　　　　　D. 质量保证金预留比例和期限

　　E. 质量保证金返还方式

66. 关于招标文件与资格预审的说法中，正确的有（　　）。

A. 通过资格预审的申请人少于 3 个的，应当重新招标

B. 如对招标文件有异议应当在投标截止时间 10 日前提出

C. 招标人应当自收到异议之日起 5 日内做出答复

D. 资格预审文件或者招标文件的发售期不得少于 3 日

E. 招标人应当按照资格预审公告、招标公告或者投标邀请书规定的时间、地点发售资格预审文件或者招标文件

67. 建设单位在办理工程质量监督注册手续时需提供的资料有（　　）。

    A. 施工组织设计   B. 监理规划

    C. 施工图预算   D. 专项施工方案

    E. 中标通知书

68. 与施工总承包模式相比，采用 CM 承包模式时，在工程造价控制方面的价值体现在（　　）。

    A. 施工合同总价不是一次确定

    B. 将施工合同总价化整为零

    C. 工程实体不得化整为零，分别进行分包

    D. 招标可以不依赖完整的施工图

    E. 使各个分包合同价格汇总后形成的合同总价更具合理性

69. 项目管理实施规划的内容包括（　　）。

    A. 项目概况   B. 总体工作安排

    C. 组织方案   D. 设计与技术措施

    E. 项目条件和环境

70. 等节奏流水施工与非节奏流水施工的共同特点有（　　）。

    A. 相邻施工过程的流水步距相等

    B. 专业工作队数等于施工过程数

    C. 施工段之间可能有空闲时间

    D. 各专业工作队能够在施工段上连续作业

    E. 各施工过程在各施工段的流水节拍相等

71. 绘制现金流量图需要把握的现金流量的要素有（　　）。

    A. 现金流量的大小   B. 绘制比例

    C. 时间单位   D. 资金流入或流出

    E. 发生的时间点

72. 项目盈亏平衡分析中，若其他条件不变，可以降低盈亏平衡点产量的途径有（　　）。

    A. 提高设计生产能力   B. 降低固定成本

    C. 降低产品售价   D. 提高销售税金及附加率

    E. 降低单位产品变动成本

73. 价值工程中，不符合用户要求的功能称为不必要功能，包括（　　）。

    A. 辅助功能   B. 多余功能

    C. 重复功能   D. 次要功能

E. 过剩功能

74. 在寿命周期成本评价法中，权衡分析的对象包括（　　）。

　　A. 设置费与维持费的权衡分析

　　B. 设置费中各项费用之间的权衡分析

　　C. 维持费中各项费用之间的权衡分析

　　D. 系统效率和寿命周期成本的权衡分析

　　E. 从开发到系统设置完成这段时间与维持费的权衡分析

75. 关于信贷方式融资的说法中，正确的有（　　）。

　　A. 国际金融机构贷款的期限安排可以有附加条件

　　B. 国外商业银行的贷款利率由各国中央银行决定

　　C. 出口信贷通常需对设备价款全额贷款

　　D. 政策性银行贷款利率通常比商业银行贷款利率低

　　E. 买方信贷必须通过本国商业银行转贷

76. 与传统融资方式相比较，项目融资的特点有（　　）。

　　A. 融资成本低　　　　　　　　　B. 有限追索

　　C. 非公司负债型融资　　　　　　D. 项目导向

　　E. 信用结构多样化

77. BOT 方式与 PFI 方式的不同之处在于 BOT 方式（　　）。

　　A. 主要用于基础设施或市政设施

　　B. 项目的合同类型是特许经营合同

　　C. 项目中签署的是服务合同

　　D. 项目中，私营企业不参与项目设计，因此设计风险由政府承担

　　E. 项目在合同中一般会规定特许经营期满后，项目必须无偿交给政府管理及运营

78. 保险人对（　　）情况不承担赔偿责任。

　　A. 设计错误引起的损失和费用

　　B. 盘点时发现的短缺

　　C. 外力引起的机械或电气装置的本身损失

　　D. 维修保养或正常检修的费用

　　E. 地震、海啸造成的损失

79. 下列财务评价指标中，可用来判断项目盈利能力的是（　　）。

　　A. 项目资本金净利润率　　　　　B. 总投资收益率

　　C. 资产负债率　　　　　　　　　D. 速动比率

　　E. 财务内部收益率（*FIRR*）

80. 成本控制的方法包括（　　）。

　　A. 成本分析表法　　　　　　　　B. 目标利润法

　　C. 工期 – 成本同步分析法　　　　D. 价值工程方法

　　E. 挣值分析法

同步模拟试卷五参考答案及详解

一、单项选择题

1. B	2. C	3. B	4. A	5. B
6. D	7. C	8. D	9. C	10. D
11. C	12. D	13. C	14. C	15. A
16. A	17. C	18. A	19. C	20. C
21. B	22. C	23. B	24. A	25. A
26. A	27. C	28. B	29. A	30. C
31. B	32. A	33. C	34. C	35. B
36. D	37. C	38. C	39. B	40. A
41. B	42. C	43. A	44. B	45. A
46. C	47. C	48. C	49. C	50. C
51. A	52. B	53. D	54. C	55. B
56. B	57. A	58. A	59. C	60. A

【解析】

1. 本题的考点为建设项目总投资与固定资产投资。建设项目总投资是指为完成工程项目建设，在建设期（预计或实际）投入的全部费用总和。建设项目按用途可分为生产性建设项目和非生产性建设项目。生产性建设项目总投资包括固定资产投资和流动资产投资两部分；非生产性建设项目总投资只包括固定资产投资，不含流动资产投资，故选项 B 错误。建设项目总造价是指项目总投资中的固定资产投资总额。固定资产投资是投资主体为达到预期收益的资金垫付行为。

2. 本题的考点为工程造价管理的基本原则。工程造价管理的关键在于前期决策和设计阶段，而在项目投资决策后，控制工程造价的关键就在于设计。

3. 本题的考点为工程造价咨询企业资质的有效期。工程造价咨询企业资质有效期为 3 年。

4. 本题的考点为资质取得的违规责任。以欺骗、贿赂等不正当手段取得工程造价咨询企业资质的，由县级以上地方人民政府建设主管部门或者有关专业部门给予警告，并处 1 万元以上 3 万元以下的罚款，申请人 3 年内不得再次申请工程造价咨询企业资质。

5. 本题的考点为美国建造师学会（AIA）的合同条件体系。美国建筑师学会（AIA）的合同条件体系分为 A、B、C、D、F、G 系列。其中，A 系列是关于发包人与承包人之间的合同文件；B 系列是关于发包人与提供专业服务的建筑师之间的合同文件；C 系列是关于建筑师与提供专业服务的顾问之间的合同文件；D 系列是建筑师行业所用的文件；F 系列是财务管理表格；G 系列是合同和办公管理表格。

6. 本题的考点为工程开工报告。建设单位在领取施工许可证或者开工报告前，应当按照国家有关规定办理工程质量监督手续。

7. 本题的考点为邀请招标。国有资金占控股或者主导地位的依法必须进行招标的项目，应当公开招标；但有下列情形之一的，可以邀请招标：①技术复杂、有特殊要求或者受自然环境限制，只有少量潜在投标人可供选择；②采用公开招标方式的费用占项目合同金额的比例过大。

8. 本题的考点为政府采购程序。采购人或者采购代理机构可以对已发出的招标文件进行必要的澄清或者修改。澄清或者修改的内容可能影响投标文件编制的，采购人或者采购代理机构应当在投标截止时间至少 15 日前，以书面形式通知所有获取招标文件的潜在投标人；不足 15 日的，采购人或者采购代理机构应当顺延提交投标文件的截止时间。

9. 本题的考点为合同可以变更或可撤销的情形。根据《合同法》，当事人一方有权请求人民法院或者仲裁机构变更或者撤销的合同有：①因重大误解订立的；②在订立合同时显失公平的。

一方以欺诈、胁迫的手段或者乘人之危，使对方在违背真实意思的情况下订立的合同，受损害方有权请求人民法院或者仲裁机构变更或者撤销。

10. 本题的考点为合同履行的特殊规则。执行政府指导价的合同时，逾期交付标的物的，遇价格上涨时，按照原价格执行，故选项 A 错误。执行政府指导价的合同时，逾期付款的，遇价格上涨时，按照新价格执行，故选项 B 错误。因债务人部分履行债务给债权人增加的费用，由债务人负担，故选项 C 错误。

11. 本题的考点为工程质量事故报告。建设工程发生质量事故，有关单位应当在 24 小时内向当地建设行政主管部门和其他有关部门报告。

12. 本题的考点为《招标投标法》关于投标和开标的规定。根据招标文件载明的项目实际情况，投标人如果准备在中标后将中标项目的部分非主体、非关键工程进行分包的，应当在投标文件中载明。联合体中标的，联合体各方应当共同与招标人签订合同，就中标项目向招标人承担连带责任。开标应当在招标人的主持下，在招标文件确定的提交投标文件截止时间的同一时间、招标文件中预先确定的地点公开进行。开标时，由投标人或者其推选的代表检查投标文件的密封情况，也可以由招标人委托的公证机构检查并公证。

13. 本题的考点为项目投资决策管理制度。对于采用直接投资和资本金注入方式的政府投资项目，政府需要从投资决策的角度审批项目建议书和可行性研究报告，除特殊情况外，不再审批开工报告，同时还要严格审批其初步设计和概算；对于采用投资补助、转贷和贷款贴息方式的政府投资项目，则只审批资金申请报告。

14. 本题的考点为工程质量监督手续的办理。建设单位在办理施工许可证之前应当到规定的工程质量监督机构办理工程质量监督注册手续。

15. 本题的考点为项目总经理的职权。项目总经理的职权是：组织编制项目初步设计文件，对项目工艺流程、设备选型、建设标准、总图布置提出意见，提交董事会审查；组织工程设计、施工监理、施工队伍和设备材料采购的招标工作，编制和确定招标方案、标底和评标标准，评选和确定投标、中标单位。

16. 本题的考点为 CM 承包模式的特点。CM 单位有代理型和非代理型两种。代理型的 CM 单位不负责工程分包的发包，与分包商的合同由建设单位直接签订；而非代理型的 CM 单位直接与分包商签订分包合同。

17. 本题的考点为直线职能制组织结构的特点。直线职能制组织结构既保持了直线制统一指挥的特点，又满足了职能制对管理工作专业化分工的要求。其主要优点是集中领导、职责清楚，有利于提高管理效率。

18. 本题的考点为非正常型直方图的类型。折齿型分布多数是由于做频数表时，分组不当或组距确定不当所致。绝壁型分布通常是因操作者的主观因素所造成。孤岛型分布是由于少量材料不合格，或短时间内工人操作不熟练所造成。双峰型分布一般是由于在抽样检查以前，数据分类工作不够好，使两个分布混淆在一起所造成。

19. 本题的考点为工程项目目标控制的组织措施。控制是由人来执行的，监督按计划要求投入劳动力、机具、设备、材料，巡视、检查工程运行情况，对工程信息的收集、加工、整理、反馈，发现和预测目标偏差，采取纠正行动等都需要事先委任执行人员，授予相应职权，确定职责，制订工作考核标准，并力求使之一体化运行。只有采取适当的组织措施，保证目标控制的组织工作明确、完善，才能使目标控制取得良好效果。选项 A 属于技术措施，选项 B 属于经济措施，选项 D 属于合同措施。

20. 本题的考点为固定节拍流水施工工期的计算。$T=(m+n-1)t+\sum G+\sum Z-\sum C$，式中，$n$ 表示施工过程数目；m 表示施工段数目；t 表示流水节拍；Z 表示组织间歇；G 表示工艺间歇；C 表示提前插入时间。分部工程的工期 =（6+4-1）×3+0+0-2=25（天）。

21. 本题的考点为流水施工方式的特点。流水施工方式的特点包括：①施工工期较短，可以尽早发挥投资效益；②实现专业化生产，可以提高施工技术水平和劳动生产率；③连续施工，可以充分发挥施工机械和劳动力的生产效率；④提高工程质量，可以增加建设工程的使用寿命，节约使用过程中的维修费用；⑤降低工程成本，可以提高承包单位的经济效益。

22. 本题的考点为双网络计划中最早开始时间和最迟开始时间的计算。当未规定其最早开始时间时，其最早开始时间为零。其他工作的最早开始时间应等于其紧前工作最早完成时间的最大值。工作的最迟开始时间 $LS_{i-j}=LF_{i-j}-D_{i-j}$。故工作 E 的最早开始时间 $=\max\{EF_A,\ EF_B,\ EF_C\}=\max\{3,\ 2,\ 4\}=4$；本题的关键线路为 A→D→G 和 C→F→I，计算工期为 14，工作 E 的最迟完成时间为 8，工作 E 的最迟开始时间 =8-3=5。

23. 本题的考点为双代号网络计划中计算工期的计算。计算工期等于以网络计划的终点节点为箭头节点的各个工作的最早完成时间的最大值。$T_c=\max\{EF_{5-7},\ EF_{6-7}\}=\max\{17,\ 16\}=17$（天）。

24. 本题的考点为自由时差。工作 M 的自由时差 $=\min\{(21-12-5),\ (24-12-5),\ (28-12-5)\}=4$（天）。

25. 本题的考点为年名义利率与年有效利率的关系。利率周期的有效利率 i_{eff} 为：$i_{eff}=\dfrac{I}{P}=\left(1+\dfrac{r}{m}\right)^m-1$，在名义利率 r 一定时，每年计息期数 m 越多，i_{eff} 与 r 相差越大。

26. 本题的考点为工程总承包合同履行。工程总承包合同履行中，承包人应履行的一般义务包括：①遵守法律；②依法纳税；③完成各项承包工作；④对设计、施工作业和施工方法，以及工程的完备性负责；⑤保证工程施工和人员的安全；⑥负责施工场地及其周边环境与生态的保护工作；⑦避免施工对公众与他人的利益造成损害；⑧为他人提供方便；⑨工程的维护和照管。

27. 本题的考点为直接购买模式的适用范围。工程项目信息管理实施模式中，直接购买的模式适用于大型工程项目。

28. 本题的考点为影响利率的主要因素。通常情况下，平均利润率是利率的最高界限。因为利息是利润分配的结果，如果利率高于利润率，借款人投资后无利可图，也就不会借款了。

29. 本题的考点为季度利息的计算。每季度的利率 =12%/4=3%，则每季度的利息为 500 万元 ×3%=15 万元。

30. 本题的考点为等值计算。该企业第 5 年末需还本付息 = $[2\,000 \times (1+8\%)^3 - 1\,200] \times (1+8\%)^2 \approx 1\,538.98$ （万元）。

31. 本题的考点为总投资收益率的计算。总投资收益率 = 息税前利润 / 项目总投资 = $(200+20)/2\,000 \times 100\%=11\%$。

32. 本题的考点为基准收益率 i_c 的确定。基准收益率也称基准折现率，是企业或行业或投资者以动态的观点所确定的、可接受的投资方案最低标准的收益水平。它表明投资决策者对项目资金时间价值的估价，是投资资金应当获得的最低盈利率水平，是评价和判断投资方案在经济上是否可行的依据。

33. 本题的考点为动态评价方法。在对寿命不等的互斥方案进行比选时，净年值法是最为简便的方法。

34. 本题的考点为用生产能力利用率表示的盈亏平衡点。该企业达到盈亏平衡的生产能力利用率 =500/1\,000=50%，故第 3 年才能实现盈利。

35. 本题的考点为盈亏平衡分析法。盈亏平衡分析虽然能够度量项目风险的大小，但并不能揭示产生项目风险的根源。

36. 本题的考点为输出系统效率的量化值。输出系统效率可用完成任务的数量、年平均产量、利用率、可靠性、维修性、后勤支援效率等来表示，也可以用销售额、附加价值、利润、产值等来表示。

37. 本题的考点为项目债务资金结构。项目负债结构中，长短期负债借款需要合理搭配。短期借款利率低于长期借款，适当安排一些短期融资可以降低总的融资成本，故选项 A 错误。为了使所有债权人都有一个比较满意的偿还顺序，在融资方案中应对此做出妥善安排。故选项 B 正确。外汇贷款的借款币种与还款币种有时是可以不同的，故选项 C 错误。对于借款公司来说，使用境外借款或国内银行外汇贷款，如果货款条件一样，并没有什么区别，所以选项 D 错误。

38. 本题的考点为债券方式融资。企业债券融资是一种直接融资。发行债券融资可以从资金市场直接获得资金，资金成本（利率）一般应低于银行借款。由于有较为严格的证券监管，只有实力很强并且有很好资信的企业才能有能力发行企业债券。发行债券融资，大多需要有第三方担保，获得债券信用增级，以使债券成功发行，并可降低债券发行成本。

39. 本题的考点为资金成本的计算。根据公式:$K=D/[P (1-f)]$，本题的计算过程为:该笔借款的资金成本率 = $[2\,000$ 万元 $\times 8\% \times (1-25\%)] / [2\,000$ 万元 $\times (1-0.2\%)]=6.01\%$。

40. 本题的考点为工程项目目标控制的类型。选型 B、C、D 均属于工程项目目标主动控制措施。

41. 本题的考点为 BOT 方式。通常所说的 BOT 主要包括典型 BOT、BOOT 及 BOO 三种基本形式。BT 融资形式属于 BOT 方式演变形式，适用于各类基础设施项目，特别是出于安全考虑的必须由政府直接运营的项目。

42. 本题的考点为不征税收入。收入总额中的下列收入为不征税收入：财政拨款；依法收取并纳入财政管理的行政事业性收费、政府性基金；国务院规定的其他不征税收入。

43. 本题的考点为土地增值税的计税依据。纳税人为取得土地使用权所支付的地价款。以转让方式取得土地使用权的，是实际支付的地价款；以其他方式取得的，为支付的土地出让金。

44. 本题的考点为所得税的免税收入。企业的下列收入为免税收入：国债利息收入；符合条件的居民企业之间的股息、红利等权益性投资收益；在中国境内设立机构、场所的非居民企业从居民企业取得与该机构、场所有实际联系的股息、红利等权益性投资收益；符合条件的非营利组织的收入。

45. 本题的考点为增值税的税率。提供交通运输、邮政、基础电信、建筑、不动产租赁服务、销售不动产、转让土地使用权的增值税税率为 9%。

46. 本题的考点为建筑意外伤害保险保险期限。建筑意外伤害保险期限应从施工工程项目被批准正式开工，并且投保人已缴付保险费的次日（或约定起保日）零时起，至施工合同规定的工程竣工之日 24 时止。提前竣工的，保险责任自行终止。工程因故延长工期或停工的，需书面通知保险人并办理保险期间顺延手续，但保险期间自开工之日起最长不超过 5 年。

47. 本题的考点为安装工程一切险的保险责任。安装工程一切险的保险责任与建筑工程一切险基本相同，主要承保保单列明的除外责任以外的任何自然灾害或意外事故造成的损失及有关费用。安装工程一切险与建筑工程一切险的除外责任除以下两条外基本相同：①因设计错误、铸造或原材料缺陷或工艺不善引起的保险财产本身的损失以及为换置、修理或矫正这些缺点错误所支付的费用，都属于除外责任范围。值得注意的是，安装工程一切险只对设计错误等原因引起保险财产本身的直接损失及其有关费用不予赔偿，而对由于设计错误等原因造成其他保险财产的损失仍予以赔偿。②由于超负荷、超电压、碰线等电气原因造成电气设备或电气用具本身的损失，安装工程一切险不予赔偿。

48. 本题的考点为投资决策的主要依据。在进行项目投资决策之前，投资者需要对一个项目进行相当周密的投资决策分析，投资决策分析的结论是投资决策的主要依据。

49. 本题的考点为项目目标。市场化运作的经营性项目，项目目标是通过销售产品或提供服务实现盈利，其财务效益主要是指所获取的营业收入。

50. 本题的考点为区域经济与宏观经济影响分析内容。区域经济与宏观经济影响分析应立足于项目的实施能够促进和保障经济有序高效运行和可持续发展。

51. 本题的考点为房产税。独立于房屋之外的建筑物（如水塔、围墙等）不属于房屋，不征房产税，故选项 A 错误。

52. 本题的考点为安装工程一切险。试车期的安装工程一切险的保险费通常占整个工期的保费的 1/3 左右。

53. 本题的考点为工程项目实施策划。工程项目实施过程策划是对工程项目实施的任务分解和组织工作策划，包括设计、施工、采购任务的招投标，合同结构，项目管理机构设置、工作程序、制度及运行机制，项目管理组织协调，管理信息收集、加工处理和应用等。

54. 本题的考点为工程项目财务分析。融资前分析应以动态分析（考虑资金的时间价值）为主，融资前分析应以静态分析（不考虑资金的时间价值）为辅，故选项 C 错误。

55. 本题的考点为投资方案现金流量表的构成要素。无形资产的摊销一般采用平均年限法，不计残值，故选项 B 错误。

56. 本题的考点为发承包阶段施工标段的划分。对于工程规模大的项目，采用施工总承包的招标方式选择施工队伍，有利于减少各专业之间因配合不当造成的窝工、返工、索赔风险。

57. 本题的考点为不同计价方式合同的比较。不同计价方式合同的比较见下表。

合同类型	总价合同	单价合同	成本加酬金合同			
			百分比酬金	固定酬金	浮动酬金	目标成本加奖罚
应用范围	广泛	广泛	有局限性			酌情
建设单位造价控制	易	较易	最难	难	不易	有可能
施工承包单位风险	大	小	基本没有		不大	有

58. 本题的考点为按工程项目组成编制资金使用计划。建筑安装工程费用中的人工费、材料费、施工机械使用费等直接费，可直接分解到各工程分项。而企业管理费、利润、规费、税金则不宜直接进行分解。

59. 本题的考点为年数总和法。年数总和法也称年数总额法，是指以固定资产原值减去预计净残值后的余额为基数，按照逐年递减的折旧率计提折旧的一种方法。年数总和法也属于一种加速折旧的方法。

60. 本题的考点为费用偏差及其表示与分析。费用偏差（CV）= 已完工程计划费用（$BCWP$）− 已完工程实际费用（$ACWP$）。

二、多项选择题

61. BCDE	62. BE	63. ACDE	64. ABCD	65. ABC
66. ABE	67. ABE	68. ABDE	69. ABCD	70. BD
71. ADE	72. BE	73. BCE	74. ABCD	75. AD
76. BCDE	77. ABDE	78. ABD	79. ABE	80. ACDE

【解析】

61. 本题的考点为多渠道的工程造价信息。编制 ENR 造价指数的目的是为了准确地预测建筑价格，确定工程造价。它是一个加权总指数，由构件钢材、波特兰水泥、木材和普通劳动力四种个体指数组成。

62. 本题的考点为合同可以变更或者撤销的情形。当事人一方有权请求人民法院或者仲裁机构变更或者撤销的合同有：①因重大误解订立的；②在订立合同时显失公平的。

一方以欺诈、胁迫的手段或者乘人之危，使对方在违背真实意思的情况下订立的合同，受损害方有权请求人民法院或者仲裁机构变更或者撤销。

63. 本题的考点为经营者违规行为。经营者不得有下列不正当行为：①相互串通，操纵市场价格，侵害其他经营者或消费者的合法权益；②除降价处理鲜活、季节性、积压商品外，为排挤对手或独占市场，以低于成本的价格倾销，扰乱正常的生产经营秩序，侵害国家利益或者其他经营者的合法权益；③捏造、散布涨价信息，哄抬价格，推动商品价格过高上涨；④利用虚假或使人误解的价格手段，诱骗消费者或者其他经营者与其进行交易；⑤对具有同等交易条件的其他经营者实行价格歧视。

64. 本题的考点为申请领取施工许可证具备的条件。申请领取施工许可证，应当具备如下条件：①已办理建筑工程用地批准手续；②依法应当办理建设工程规划许可证的，已经取得建设工程规划许可证；③需要拆迁的，其拆迁进度符合施工要求；④已经确定建筑施工单位；⑤有满足施工需要的资金安排、施工图纸及技术资料；⑥有保证工程质量和安全的具体措施。

65. 本题的考点为质量保修书的内容。质量保修书中应当明确建设工程的保修范围、保修期限和保修责任等。建设工程的保修期，自竣工验收合格之日起计算。

66. 本题的考点为招标文件与资格审查。通过资格预审的申请人少于 3 个的，应当重新招标，故选项 A 正确。如潜在投标人或者其他利害关系人对资格预审文件有异议，应当在提交资格预审申请文件截止时间 2 日前提出；如对招标文件有异议，应当在投标截止时间 10 日前提出，招标人应当自收到异议之日起 3 日内做出答复，故选项 B 正确，选项 C 错误。招标人应当按照资格预审公告、招标公告或者投标邀请书规定的时间、地点发售资格预审文件或者招标文件。资格预审文件或者招标文件的发售期不得少于 5 日，故选项 D 错误，选项 E 正确。

67. 本题的考点为办理质量监督注册手续提供的资料。建设单位在办理工程质量监督注册手续时需提供的资料有：施工图设计文件审查报告和批准，中标通知书和施工、监理合同，施工组织设计和监理规划，建设单位、施工单位和监理单位工程项目的负责人和机构组成。

68. 本题的考点为 CM 承包模式的特点。与施工总承包模式相比，采用 CM 承包模式时的合同价更具合理性。采用 CM 承包模式时，施工任务要进行多次分包，施工合同总价不是一次确定，而是有一部分完整施工图纸，就分包一部分，将施工合同总价化整为零。而且每次分包都通过招标展开竞争，每个分包合同价格都通过谈判进行详细讨论，从而使各个分包合同价格汇总后形成的合同总价更具合理性。

69. 本题的考点为项目管理实施规划的内容。项目管理实施规划应包括下列内容：①项目概况；②项目总体工作安排；③组织方案；④设计与技术措施；⑤进度计划；⑥质量计划；⑦成本计划；⑧安全生产计划；⑨绿色建造与环境管理；⑩资源需求与采购计划；⑪信息管理计划；⑫沟通管理计划；⑬风险管理计划；⑭项目收尾管理计划；⑮项目现场平面布置图；⑯项目目标控制计划；⑰技术经济指标。

70. 本题的考点为节奏流水施工与非节奏流水施工的特点。等节奏流水施工的特点如下：①所有施工过程在各个施工段上的流水节拍均相等；②相邻施工过程的流水步距相等，且等于流水节拍；③专业工作队数等于施工过程数，即每一个施工过程成立一个专业工作队，由该队完成相应施工过程所有施工段上的任务；④各个专业工作队在各施工段上能够连续作业，施工段之间没有空闲时间。

非等节奏流水施工的特点如下：①各施工过程在各施工段的流水节拍不全相等；②相邻施工过程的流水步距不尽相等；③专业工作队数等于施工过程数；④各专业工作队能够在施工段上连续作业，但有的施工段之间可能有空闲时间。

71. 本题的考点为绘制现金流量图的三要素。现金流量图是一种反映经济系统资金运动状态的图式，运用现金流量图可以形象、直观地表示现金流量的三要素：大小（资金数额）、方向（资金流入或流出）和作用点（资金流入或流出的时间点）。

72. 本题的考点为产销量（工程量）盈亏平衡分析的方法。以产销量表示的盈亏平衡点 $BEP（Q）$，其计算式如下：$BEP（Q）$＝年固定总成本／（单位产品销售价格－单位产品可变成本－单位产品销售税金及附加），由此可得，降低固定成本和提高单位产品销售价格可以降低盈亏平衡点产量。降低单位产品变动成本和单位产品销售税金及附加均能降低盈亏平衡点产量。

73. 本题的考点为不必要功能。不必要功能是指不符合用户要求的功能。不必要的功能包括多余功能、重复功能、过剩功能。

74. 本题的考点为在权衡分析的对象。寿命周期成本评价法中，权衡分析的对象包括以下五种情况：①设置费与维持费的权衡分析；②设置费中各项费用之间的权衡分析；③维持费中各项费用之间的权衡分析；④系统效率和寿命周期成本的权衡分析；⑤从开发到系统设置完成这段时间与设置费的权衡分析。

75. 本题的考点为信贷方式融资。国际金融机构的贷款通常带有一定的优惠性，贷款利率低于商业银行贷款利率，贷款期限可以安排得很长，但也有可能需要支付某些附加费用，故选项 A 正确。国外商业银行贷款浮动利率通常以某种国际金融市场的利率为基础，加上一个固定的加成率构成，固定利率则在贷款合同中约定，故选项 B 错误。出口信贷通常不能对设备价款全额贷款，通常只能提供设备价款 85% 的贷款，故选项 C 错误。政策性银行贷款利率通常比商业银行贷款利率低，故选项 D 正确。买方信贷可以通过进口国的商业银行转贷款，也可以不通过本国商业银行转贷，故选项 E 错误。

76. 本题的考点为项目融资的特点。与传统的贷款方式相比，项目融资有其自身的特点，在融资出发点、资金使用的关注点等方面均有所不同。项目融资主要具有项目导向、有限追索、风险分担、非公司负债型融资、信用结构多样化、融资成本高、可利用税务优势的特点。

77. 本题的考点为 PFI 方式与 BOT 方式的比较。两种融资方式中，政府与私营部门签署的合同类型不尽相同，BOT 项目的合同类型是特许经营合同，而 PFI 项目中签署的是服务合同，PFI 项目的合同中一般会对设施的管理、维护提出特殊要求，故选项 C 错误。

78. 本题的考点为建筑工程一切险的除外责任。保险人对以下情况不承担赔偿责任：①设计错误引起的损失和费用；②自然磨损、内在或潜在缺陷、物质本身变化、自燃、自热、氧化、锈蚀、渗漏、鼠咬、虫蛀、大气（气候或气温）变化、正常水位变化或其他渐变原因造成的被保险财产自身的损失和费用；③因原材料缺陷或工艺不善引起的被保险财产本身的损失以及为换置、修理或矫正这些缺点错误所支付的费用；④非外力引起的机械或电气装置的本身损失，或施工用机具、设备、机械装置失灵造成的本身损失；⑤维修保养或正常检修的费用；⑥档案、文件、账簿、票据、现金、各种有价证券、图表资料及包装物料的损失；⑦盘点时发现的短缺；⑧领有公共运输行驶执照的，或已由其他保险予以保障的车辆、船舶和飞机的损失；⑨除已将工地内现成的建筑物或其他财产列入保险范围，在被保险工程开始以前已经存在或形成的位于工地范围内或其周围的属于被保险人的财产的损失；⑩除非另有约定，在保险期限终止以前，被保险财产中已由工程所有人签发完工验收证书或验收合格或实际占有或使用或接收的部分。

79. 本题的考点为项目盈利能力的参数。判断项目盈利能力的参数主要包括财务内部收益率（*FIRR*）、总投资收益率、项目资本金净利润率等指标的基准值或参考值。

80. 本题的考点为成本控制的方法。成本控制的方法包括成本分析表法、工期－成本同步分析法、挣值分析法、价值工程方法。